构建Apache Kafka流数据应用

[印] 曼尼施・库马尔 (Manish Kumar)
[印] 尚沙勒・辛　格(Chanchal Singh)　/　著
蒋守壮　/　译

清華大學出版社
北京

内 容 简 介

Apache Kafka 是一个流行的分布式流平台，充当消息队列或企业消息传递系统。它用来发布和订阅数据流，并在发生错误时以容错方式处理它们。

本书共 13 章，全面介绍使用 Apache Kafka 等大数据工具设计和构建企业级流应用方面的内容，包括构建流应用程序的最佳实践，并解决了一些常见的挑战，例如如何高效地使用 Kafka 轻松处理高容量数据。完成本书的学习后，读者能使用 Kafka 设计高效的流数据应用程序。

本书既适合 Kafka 初学者、大数据应用开发人员、大数据应用运维人员阅读，也适合高等院校与培训学校相关专业的师生教学参考。

本书为 Packt Publishing 有限公司授权出版发行的中文简体字版本

北京市版权局著作权合同登记号　图字：01-2018-1023

图书在版编目（CIP）数据

构建 Apache Kafka 流数据应用 /（印）曼尼施•库马尔（Manish Kumar），（印）尚沙勒•辛格（Chanchal Singh）著；蒋守壮译. — 北京：清华大学出版社，2018

书名原文：Building Data Streaming Applicationswith Apache Kafka

ISBN 978-7-302-50936-3

I. ①构… II. ①曼… ②尚… ③蒋… III. ①分布式操作系统 IV. ①TP316.4

中国版本图书馆 CIP 数据核字（2018）第 191103 号

责任编辑： 夏毓彦
责任校对： 闫秀华
责任印制： 董　瑾
出版发行： 清华大学出版社
http://www.tup.com.cn
地　　址： 北京清华大学学研大厦 A 座
邮　　编： 100084
社 总 机： 010-62770175
邮　　购： 010-62786544
投稿与读者服务： 010-62776969，c-service@tup.tsinghua.edu.cn
质量反馈： 010-62772015，zhiliang@tup.tsinghua.edu.cn
印 装 者： 北京鑫海金澳胶印有限公司
经　　销： 全国新华书店
开　　本： 185mm×230mm　　**印　　张：** 15.75　　**字　　数：** 352 千字
版　　次： 2018 年 9 月第 1 版　　**印　　次：** 2018 年 9 月第 1 次印刷
定　　价： 79.00 元

产品编号：079765-01

译者序

我将 Kafka 应用到生产环境中已经很多年了，应用场景也是多种多样，包括日志收集、流处理、实时监控、事件追溯和指标度量等，Kafka 大部分都是和其他系统集成使用，包括 Spark、Storm、Flink 和 Flume 等。这几年生产环境中的 Kafka 也经历了好几个版本，从 0.8 版本到如今的 1.1 版本，而且 Kafka 最近几个版本还是有不少变化的，比如 0.9 版本引入安全特性（包括提供 Kerberos 和 TLS 身份认证，提供数据加密传输），重新设计 Consumer 接口，提供统一的 Consumer API，另外 Kafka 自身可以维护 offset，Consumer 可以不借助 Zookeeper 等；0.11 版本支持 EOS（幂等的 producer，支持事务，支持 EOS 流处理）等。下决心翻译这本书的原因大概有两方面：一是 Kafka 社区圈子里面不少朋友的推荐，毕竟有读者才有动力，真诚希望这本书可以帮助更多想了解和使用 Kafka 的朋友；另一方面就是结合多年的 Kafka 生产实战经验，从原著中体会到很多有价值的经验和教训，可以帮助读者更好地理解和应用 Kafka。在这里，我将社区朋友和自己的推荐理由总结以下几点：

1. 完整地阐述了 Kafka 架构体系中的每个组件，帮助读者对 Kafka 生态圈有一个体系化的认知，加深对 Kafka 的理解。
2. 结合当前常用的 Kafka 生产环境，探讨了与 Kafka 集成的流数据应用的架构，比如 Spark Streaming、Storm 等。
3. 针对企业中 Kafka 集群部署、规划、数据安全、数据治理等提供合理建议。
4. 针对不同的应用场景，书中都给出了具体的示例，方便读者加深理解和实战，甚至一些示例稍加修改就可以应用到生产环境中解决实际问题。
5. 虽然 Kafka 版本更新迭代较快，但是 Kafka 核心思想和架构没有改变，本书不受限于读者使用的 Kafka 版本。可能给读者带来一点不便的是，书中有些代码需要根据 Kafka、Spark 和 Storm 不同的版本进行调整，读者只需要查看对应的 API 接口进行变更即可。

我相信本书无论对 Kafka 新手还是对 Kafka 有实战经验的朋友都会带来帮助，希望本书可以帮助朋友们更好地理解 Kafka，并应用在自己的业务场景中进行实战。第一次翻译书籍，经验尚浅，非常感谢清华大学出版社夏毓彦老师的帮助和指导，以及争取到翻译的版权，感谢出版社中所有为此书付出辛勤劳动的各位老师。感谢项目组同事的大力支持，解决翻译中遇到的一些问题。最后，感谢我的家人，给予我的不懈支持，一如既往地照顾我的生活，给予我充足的时间用来写作。

蒋守壮

2018 年 7 月

推 荐 序

十几年来，我一直从事和大数据相关的工作，经历了很多阶段，涉及金融、互联网、实体和餐饮等行业，简单介绍一下个人背景：

1. 目前负责麦当劳中国战略、IT、大数据，以及联合中信资本投资的新创公司 InfiniVison 深见 ABC Labs 下 DeepInsight 洞见 AI 实验室、DeepSource 深源区块链实验室、DeepFabric 深网云计算实验室；

2. Altius One 基金会 AIX 人工智能+区块链项目联合创始人；Linux 基金会超级账本 Hyperledger 项目董事会成员、前工信部区块链发展论坛副理事长、中国电子学会区块链专家委员会专家、国际数字经济联盟理事专家委员；

3. 前万达网络科技集团总裁助理兼首席数据官 / 首席架构师，负责大数据、人工智能、区块链和分布式计算（AB2C）战略和实施，支持实体+互联网（飞凡）、网络金融（快钱支付、小贷、理财、征信）等板块以及万达集团的商业地产、文旅集团设计院、金融集团保险等业务；是数字权益（AppStore“万益通”App）和共享商业两个区块链创新事业部的联合创始人；

4. 此前，在伦敦投行担任首席架构师，创建了大数据、云计算卓越中心；是西欧地区超过一万会员的人工智能、数据科学家社区 DSL 联合创始人兼 CTO；被英国媒体《信息时代》评选为全英 2015/16 年度前 50 名数据领袖和最有影响者。

今天看到大数据卓越中心的技术人员在翻译大数据领域的技术书籍，非常高兴，而且目前公司也采用 Apache Kafka 构建企业流实时平台，收集和处理公司各业务数据的来源等问题。

Apache Kafka 是一种高吞吐量的分布式发布订阅消息系统，它最初是由 LinkedIn 公司开发，之后成为 Apache 顶级开源项目，在大数据和云计算技术体系中扮演重要的角色。另外，Kafka 也有商业公司 Confluent 提供商业化服务支持，推进 Kafka 在企业中更好地应用，译者在本书中也介绍 Confluent Platform，它是一个流数据平台，能够组织管理来自不同数据源的数据，拥有稳定高效的系统。

Kafka 具有高吞吐量、低延迟、可持久化、分布式和支持流数据处理等诸多特性，也正是由于 Kafka 具备这些特性，使 Kafka 在大型推荐系统、广告搜索、日志收集、实时监控、实时计算和离线统计分析等应用场景中被广泛使用。

本书全面介绍了 Kafka 分布式消息系统，而且将 Kafka 集成到各种主流计算框架中，由浅入深，提供了丰富的实战示例，能使读者更好地理解，并应用到企业实际场景中。

译者从事大数据行业有 6 年多的时间，生产实战经验丰富，包括离线计算、实时计算、流处理、多维分析、云计算等。例如，在实时计算平台，译者基于 Kafka 构建企业级消息总线，接收来自实时业务数据、数据库 binlog、监控数据、实时用户行为数据等，然后接入 Flink 流处理框架，服务于实时营销推荐、实时指标监控、实时 BI 以及风控反欺诈等业务。

蔡栋
麦当劳中国首席数据智能官
InfiniVision 深见网络科技（上海）有限公司联合创始人兼总裁

Kafka 最初是由 LinkedIn 公司开发的消息系统，由于其在各种场景下的出色表现，在 2010 年由 LinkedIn 捐献给 Apache 的开源社区，并成为 Apache 的顶级项目。早期版本的 Kafka 主要是作为一个分布式、可分区和具有副本的消息系统，随着版本的不断迭代，在 0.10.x 版本之后 Kafka 已成为一个分布式流数据处理平台，特别是 Kafka Streams 的出现，使得 Kafka 对流数据处理变得更加简单。

Kafka 发展至今已具备很多特性，如分布式、高吞吐量、低延迟、高水平扩展性、高容错性等，本人从事大数据行业这一段时间，对 Kafka 在数据处理领域的重要地位有深刻认识，且目前 Kafka 最先进的技术路线表明，Kafka 将由一个消息中间件的角色逐渐转变为一个实时快速的流式处理技术组件。

本书原作者结合各种主流计算框架，针对不同应用场景给出了切实可行的实战应用案例，非常适合希望在工作过程中快速学习和运用 Kafka 的读者参考学习，希望读者在阅读使用本书过程中能够有更多所得。

本书译者蒋守壮作为一位大数据领域内的技术专家，大型数据系统构建经验丰富，对相关技术组件的应用和认知有相当成熟的见解。值得一提的是，蒋守壮作为我多年认知的同学和朋友，无论在人格和技术方面都是朋友中的一位典范，是家庭中的好丈夫、好父亲、好儿子，是职场中的好同事，也是朋友中信得过的好兄弟。最后对本书作者报以最衷心的祝福，祝家庭温馨融洽、身体健康、事业昌隆！

陈晨
前西门子 CVC 大数据技术负责人
南京四只小熊软件科技联合创始人

前　言

Apache Kafka 是一个流行的分布式流平台，充当消息队列或企业消息系统，允许你发布和订阅流记录，并以容错的方式进行处理。

本书是使用 Apache Kafka 和其他大数据工具设计和构建企业级流应用（应用程序）的综合指南，包括构建此类应用程序的最佳实践，并解决了一些常见的挑战性问题，例如如何有效地使用 Kafka 来轻松处理高容量数据。本书首先介绍消息系统类型，然后详细介绍 Apache Kafka 及其内部细节，接着介绍如何使用各种框架和工具（如 Apache Spark、Apache Storm 等）设计流应用程序。掌握了这些基础知识以后，我们将带你理解 Apache Kafka 中更高级的概念，例如容量规划和安全性。

到本书结束时，你将掌握使用 Apache Kafka 时所需要的所有信息，并使用它设计高效的流数据应用程序。

本书涵盖的内容

第 1 章，消息系统介绍，介绍消息系统的概念。本章涵盖了消息系统及其企业需求的概述，它进一步强调了使用诸如点到点或发布/订阅等消息系统的不同方式，并引入了 AMQP。

第 2 章，介绍 Kafka——分布式消息平台，介绍诸如 Kafka 这样的分布式消息平台。本章涵盖了 Kafka 架构，并触及内部组件，进一步探讨了每个 Kafka 组件的角色和重要性，以及它们如何对低延迟、可靠性和 Kafka 消息系统的可伸缩性做出贡献。

第 3 章，深入研究 Kafka 生产者，是关于如何向 Kafka 系统发布消息的内容。本章进一步介绍了 Kafka 生产者 APIs 及其用法，展示了使用 Java 和 Scala 编程语言调用 Kafka 生产者 APIs 的例子。需要深入了解生产者消息流以及一些用于向 Kafka Topics 生产消息的常见模式，为 Kafka 的生产者提供了一些性能优化的技术。

第 4 章，深入研究 Kafka 消费者，是关于如何从 Kafka 系统中消费消息。这也包括 Kafka 消费者 APIs 及其使用，展示了使用 Java 和 Scala 编程语言调用 Kafka 消费者 APIs 的例子，深入探讨了消费者消息流和一些常见的从 Kafka Topics 中消费消息的模式，为 Kafka 消费者提供了一些性能优化的技术。

第 5 章，集成 Kafka 构建 Spark Streaming 应用，是关于如何将 Kafka 与流行的分布式处理引擎 Apache Spark 集成在一起的内容。本章提供了 Apache Kafka 的简要概述，将 Kafka 与 Spark 集成的不同方法以及它们的优缺点，并展示了 Java 和 Scala 中的用例。

第 6 章，集成 Kafka 构建 Spark Storm 应用，是关于如何将 Kafka 与流行的实时处理引擎 Apache Storm 集成在一起的内容。本章还简要介绍了 Apache Storm 和 Apache Heron，展示了使用 Apache Storm 和 Kafka 进行事件处理的不同方法的示例，包括有保证的事件处理。

第 7 章，使用 Kafka 与 Confluent Platform，是关于新兴的流平台 Confluent 的，使你能够有效地使用 Kafka 和许多其他额外的功能，展示了许多本章涵盖主题的许多例子。

第 8 章，使用 Kafka 构建 ETL 管道，介绍 Kafka Connect，这是一种常见组件，用于构建涉及 Kafka 的 ETL 管道，强调如何在 ETL 管道中使用 Kafka Connect，并讨论一些相关深入的技术概念。

第 9 章，使用 Kafka Streams 构建流应用程序，是关于如何使用 Kafka Stream 构建流应用程序的内容，这是 Kafka 0.10 发行版的一个组成部分，也包括使用 Kafka Stream 构建快速可靠的流应用程序，包括示例。

第 10 章，Kafka 集群部署，着重于在企业级生产系统上部署 Kafka 集群，深入涵盖了 Kafka 集群，例如如何进行容量规划、如何管理单个/多集群部署等，还介绍了如何在多租户环境中管理 Kafka 以及 Kafka 数据迁移所涉及的各个步骤。

第 11 章，在大数据应用程序中使用 Kafka，介绍了在大数据应用程序中使用 Kafka 的一些方面，包括如何管理 Kafka 中的高容量、如何确保有保证的消息传递、处理故障而不丢失数据的最佳方式以及在大数据管道中使用 Kafka 时可应用的一些治理原则。

第 12 章，Kafka 安全，是关于保护 Kafka 集群的内容，包括身份验证、授权机制以及示例。

第 13 章，流应用程序设计的考虑，是关于构建流应用程序的不同设计考虑的内容，可以让你了解并行性、内存调优等方面，全面提供了设计流应用程序的不同范式。

对于这本书你需要什么

你将需要以下软件来处理本书中的示例：

Apache Kafka、大数据、Apache Hadoop、发布和订阅、企业消息系统、分布式流、生产者 API、消费者 API、Streams API、Connect API。

这本书适合谁

如果你想以最简单的方式学习如何使用 Apache Kafka 和 Kafka 生态系统中的各种工具，本书就是为你准备的。需要具有一些 Java 编程经验才能充分利用这本书。

排版约定

在本书中，你将会发现许多区分不同类型信息的文本格式。下面是这些样式的一些例子及其含义的解释。

代码块的设置如下：

```
import org.apache.Kafka.clients.producer.KafkaProducer;
import org.apache.Kafka.clients.producer.ProducerRecord;
import org.apache.Kafka.clients.producer.RecordMetadata;
```

任何命令行输入或输出的写法如下：

```
sudo su - hdfs -c "hdfs dfs -chmod 777 /tmp/hive"
sudo chmod 777 /tmp/hive
```

部分新术语和重要单词会以粗体显示。例如，在屏幕上看到的单词或菜单中出现的文字如下所示："为了下载新模块，我们将转到 **Files | Settings | Project Name | Project Interpreter**"。

警告或重要提示使用图标：

提示和技巧使用图标：

读者反馈

欢迎来自我们读者的反馈。让我们知道你对这本书的看法——你喜欢或不喜欢的内容。读者反馈对我们来说很重要，因为它可以帮助我们开发出你真正可以获得最大收益的主题。

为了给我们提供反馈，请发送 E-mail 至：jiangshouzhuang@gmail.com，并在你的邮件主题中注明这本书的书名。

下载示例代码

本书的代码包托管在 GitHub 上，译者的 GitHub 网址为：

https://github.com/jiangshouzhuang/Building-Data-Streaming-Applications-with-Apache-Kafka

原书的 Github 网址为：

https://github.com/PacktPublishing/Building-Data-Streaming-Applications-with-Apache-Kafka

为了方便读者下载，给出这两个网址的二维码如下：

下载本书的彩色图像

我们还为你提供 PDF 文件，其中包含本书中使用的屏幕截图/图表的彩色图像。彩色图像将帮助你更好地理解输出的细节。我们已经将彩色图像的 PDF 文件放在了 GitHub 上面，网址为：

https://github.com/jiangshouzhuang/Building-Data-Streaming-Applications-with-Apache-Kafka/blob/master/ColorImages/BuildingDataStreamingApplicationswithApacheKafka_ColorImages.pdf

勘误表

虽然我们已尽全力确保内容的准确性，但错误确实可能会发生。如果你在我们的书中发现了错误，可能是文字或代码中的错误，如果你能把错误报告发给我们，我们将感激不尽。通过这种做法，可以避免其他读者在阅读本书时感觉受挫，并帮助我们改进本书的后续版本。如果你发现任何错误，请发送电子邮件给 jiangshouzhuang@gmail.com。一旦你的勘误得到验证，勘误将被保存到我们维护的勘误表中。

要查看读者提交的勘误，请访问 https://github.com/jiangshouzhuang/，所需的信息将出现在勘误表中。

问题反馈

你对本书的简体中文版有任何问题，都可以通过 jiangshouzhuang@gmail.com 与我们联系，我们将尽最大努力解决问题。

译者介绍

蒋守壮，现就职于金拱门（中国）有限公司，担任大数据卓越中心高级工程和平台经理，负责大数据平台的架构和产品研发。译者拥有多年丰富的大数据生产实战经验和产品研发能力，著有图书《基于 Apache Kylin 构建大数据分析平台》。

目　录

第 1 章 消息系统介绍

每个人都有各自的学习方式，本章节将帮助读者更好地理解本书的内容。

任何企业集成的目标都是在不同的应用程序之间建立统一，以实现一整套功能。

企业中很多离散的应用使用不同的编程语言和平台构建，为了实现任何统一的功能，这些应用需要共享之间的信息。这种信息交换通过使用不同协议和实用程序的小数据包在网络上进行。

因此，让我们假设你正在向现有的电子商务应用程序添加新的营销活动组件，该应用程序需要与不同的应用程序进行交互以计算忠诚度积分。在这种情况下，你将使用企业集成策略将电子商务应用程序与不同的应用程序进行集成。

本章将帮助你理解消息系统，这是建立企业集成的常见方式之一。它会引导你了解各种消息系统及其用途。在本章的最后，你将能够区分当前可用的不同消息模型，并了解企业应用程序集成的不同设计注意事项。

我们将在这个章节中讨论下面的内容：

- 好的消息系统的设计原则
- 消息系统是如何工作的
- 点对点（point-to-point）消息系统
- 发布-订阅（publish-subscribe）消息系统
- AMQP 消息协议
- 通过设计流化应用程序完成需要的消息系统

理解消息系统的原则

让我们继续关注消息系统，你可能已经看到了应用程序使用由其他外部应用程序或应用程序处理的数据，这些数据来自一个或多个数据源。在这种情况下，消息传递可以用作不同应用程序之间信息交换的集成通道。如果你还没有建立这样的应用程序，那么不要担心。我们将在接下来的章节中进行构建。

在任何应用集成系统设计中，有几个重要的原则需要考虑，比如松耦合、通用接口定义、延迟和可靠性。下面我们来看一下这些具体内容：

- 松耦合

  在不同的应用之间要确保最小的依赖性，这样可以保证一个应用的改变不会影响其他的应用。紧密耦合的应用程序按照其他应用程序的预定义规范进行编码，规范中的任何更改都会中断或更改其他相关应用程序的功能。

- 通用接口定义

  通用接口定义在不同的应用之间，可以确保应用程序以一个公共约定的数据格式进行交互。这样不仅有助于在应用程序中建立信息交换标准，还确保了一些信息交换的最佳实践可以轻松实施。比如，你可以选择使用 Avro 数据格式进行消息交换，这样可以将它定义为信息交换的通用接口标准。对于消息交换来说，Avro 是一个好的选择，因为它以紧凑的二进制格式序列化数据和支持模式演变。

- 延迟

  这里的延迟是指消息从发送者到接收者的传输过程中花费的时间。绝大多数的应用程序都想实现低延迟作为一个必要条件。甚至在任何的异步通信模式中，高延迟是不可取的，因为接收消息的显著延迟可能对任何组织机构造成重大损失。

- 可靠性

  可靠性保证临时应用程序的不可用不会影响所依赖的应用程序的信息交换。一般来说，当源应用程序向远端应用程序发送消息时，有时远端应用程序可能运行得很慢，或者由于某些故障可能无法运行。可靠的异步消息通信确保源应用程序继续工作，并确信远端应用程序将在稍后恢复其任务。

理解消息系统

如前所述，应用程序集成对于任何企业实现跨越多个离散应用程序的全面功能至关重要。为了实现这一点，应用程序需要及时共享信息。消息系统是应用程序中常用的信息交换机制之一。

用于共享信息的其他机制可能是远程过程调用（**RPC**）、文件共享、共享数据库和 Web 服务调用。在选择应用程序集成机制时，记住前面讨论的指导原则是很重要的。例如，在共享数据库的情况下，一个应用程序所做的更改可能会直接影响使用相同数据库表的其他应用程序。两个应用程序都是紧密耦合的。如果你在接受其他应用程序中的更改之前已经应用了其他规则，就可能需要避免这种情况。同样，在完成应用程序集成之前，必须考虑所有这些指导原则。

如图 1-1 所示，基于消息的应用程序集成涉及离散的企业应用程序连接公共消息系统并向其发送或接收数据。消息系统充当多个应用程序之间的集成组件。这种集成根据应用程序信息交换来调用不同的应用程序行为。它也遵循前面提到的一些设计原则。

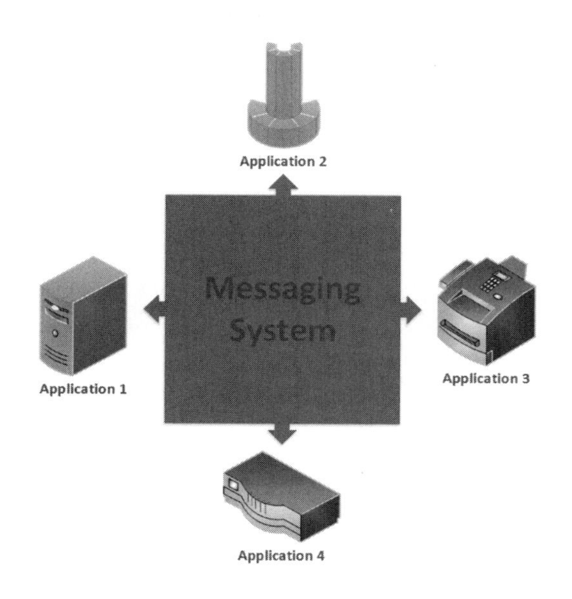

图 1-1　展示消息系统连接到应用程序

企业已经开始采用微服务架构，其主要优点是使应用程序松耦合。应用程序异步通信，这使得通信更加可靠，因为两个程序不必同时运行。消息系统有助于将数据从一个应用程序传输到另一个应用程序。它允许应用程序考虑它们需要共享的数据，而不是它需要如何共享。你可以使用消息以准时和实时的方式与其他应用程序共享小数据包或数据流，这符合低延迟实时应用程序集成的需要。

首先，你应该了解任何消息系统的一些基本概念。理解这些概念对你是有益的，因为它可以帮助你理解不同的消息技术，比如 Kafka。下面是一些基本的消息概念：

- 消息队列（Message queues）
  有时你会发现队列也被称为通道（channel）。简单地说，它们是发送和接收应用程序之间的连接器。它们核心的功能是从源应用程序接收消息包，并以及时可靠的方式将消息包发送给接收方应用程序。
- 消息（数据包）
  消息（Messages）是通过网络传输到消息队列的原子数据包。发送方应用程序将数据分解成较小的数据包，并将其包装为带有协议和报头信息的消息。然后将它发送到消息队列。以类似的方式，接收方应用程序接收消息并从消息包装器中提取数据以进一步处理它。
- 发送方（生产者）
  发送方（Sender）或生产者（Producer）应用程序是需要发送到某个目的地址的数据源。它们与消息队列端点建立连接，并按照通用接口标准在较小的消息包中发送数据。根据使用中的消息系统的类型，发送方应用程序可以决定一条接一条地或批量地发送数据。
- 接收方（消费者）
  接收方（Receiver）或消费者（Consumer）应用程序是发送方应用程序发送的消息的接收者。它们要么从消息队列中提取数据，那么通过持久连接从消息队列中接收数据。在接收消息时，它们从这些消息包中提取数据，并将其用于进一步处理。
- 数据传输协议
  数据传输协议（Data transmission protocols）确定规则来控制应用程序之间的消息交换。不同的队列系统使用不同的数据传输协议。这取决于消息端点的技术实现。Kafka 通过 TCP 使用二进制协议。客户端初始启动一个与 Kafka 队列的套接字（Socket）连接，然后写入消息并读回确认消息。一些这样的数据传输协议的例子有 AMQP（高级消息队列协议）、STOMP（流文本定向消息协议）、MQTT （消息队列遥测传输）和 HTTP（超文本传输协议）。

- 传输模式

  消息系统中的传输模式（Transfer mode）可以理解为数据从源应用程序转移到接收方应用程序的方式。传输模式的例子有同步的、异步的和批处理模式。

点对点消息系统

本节重点介绍点对点（point-to-point，PTP）消息模式。在 PTP 消息模式中，消息生产者称为发送方，而消费者称为接收方。他们通过一个称为队列（queue）的目的地交换数据。发送方向队列生产消息，接收方从队列中消费消息。区分点对点消息的区别在于消息只能由一个消费者来消费。

当仅由一个消息消费者接收单条消息时，通常使用点对点消息传递。这里可能有多个消费者在队列中监听同一条消息，但只有一个消费者会接收到它。注意，这里也可以有多个生产者，它们将向队列中发送消息，但它只会被一个接收者接收。

PTP 模式的基础是将消息发送到指定的目的地。这个指定的目的地是消息队列的端点，它通过端口监听传入的消息。

通常，在 PTP 模式中，接收者请求发送方发送到队列中的消息，而不是订阅一个通道并接收在特定队列上发送的所有消息。

你可以将支持 PTP 消息模式的队列看作 FIFO 队列。在这样的队列中，消息按照它们被接收到的顺序进行排序，当它们被消费时，会从队列头中被移除。队列，比如 Kafka，维护着消息偏移量，它们不是删除消息，而是增加接收者的偏移量。基于偏移量的模型为重放消息提供了更好的支持。

下面图 1-2 展示了 PTP 的示例模式。假设有两个发送者，Sender 1 和 Sender 2，它们向队列 Queue1 发送消息。另一方面，有两个接收者，Receiver 1 和 Receiver 2，它们从 Queue1 接收消息。在这种情况下，Receiver 1 将消费来自 Sender 2 的消息，Receiver 2 将消费来自 Sender 1 的消息：

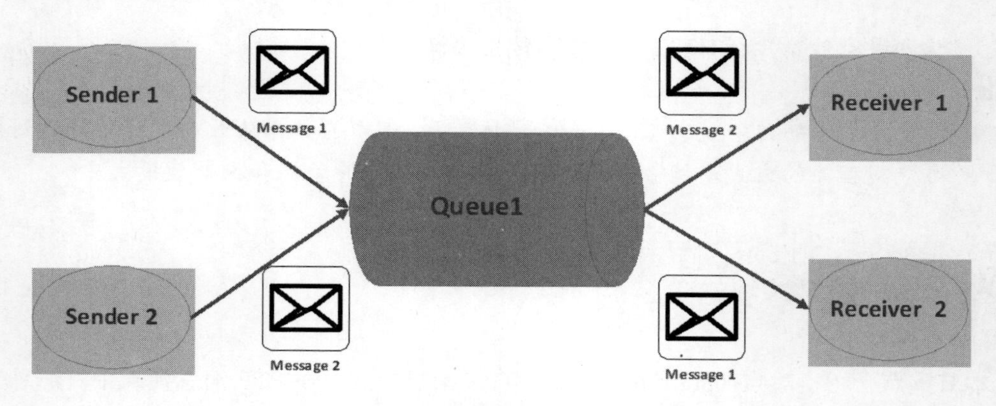

图 1-2　点对点消息模式的工作流程

从图 1-2 中，你可以推断出关于 PTP 消息系统的几个要点：

- 不止一个发送者可以往队列生产和发送消息。发送者可以共享一个连接或使用不同的连接，但它们都可以访问同一队列。
- 多个接收者可以从队列中消费消息，但每条消息只能由一个接收者来消费。因此，Message 1、Message 2 和 Message 3 被不同的接收者所消费（这是一个消息队列扩展）。
- 接收者可以共享一个连接或使用不同的连接，但它们都可以访问同一队列（这是一个消息队列扩展）。
- 发送者和接收者没有时间依赖性。当发送者产生并发送消息时，接收者可以消费一条消息，而不管它是否正在运行。
- 消息按照生成的顺序放在队列中，但它们被消费的顺序取决于消息过期日期、消息优先级、消费消息时是否使用选择器以及消费者的相对消息处理速度等因素。
- 可以在运行时动态地添加和删除发送者和接收者，从而允许消息系统根据需要动态扩展或收缩。

PTP 消息模式可以进一步分为两种类型：

- Fire-and-forget（发后即忘）模型
- Request/reply（请求/应答）模型

在 Fire-and-forget 模型处理中，生产者将消息发送到集中队列，不立即等待任何确认。它可以在这样的场景中使用：

你想触发一个动作或向接收者发送一个信号来触发一些不需要响应的动作。例如，你可能希望使用此方法将消息发送到日志系统，以警告系统生成报告，或触发对其他系统的操作。图 1-3 表示一个 Fire-and-forget PTP 消息模型。

图 1-3　Fire-and-forget 消息模型

使用异步 Request/reply（请求/应答）模型，消息发送者在一个队列上发送消息，然后在应答队列上执行阻塞等待，等待接收者的响应。Request/reply 模型提供了发送者和接收者之间的高度解耦，允许消息生产者和消费者组件成为异构语言或平台。图 1-4 表示 Request/reply 的 PTP 消息模型。

图 1-4　请求/应答消息模型

在结束本节之前，了解在哪里可以使用消息的 PTP 模型是很重要的。当你想让一个接收者处理任何给定的消息一次且仅一次时，它就可以被使用。这也许是最关键的区别：只有一个消费者将处理给定的消息。

点对点消息的另一个用例是，在不同技术平台或编程语言编写的组件之间进行同步通信。例如，你可能有一个用一种语言编写的应用程序，比如 PHP，它可能希望与用 Java 编写的 Twitter 应用程序进行通信，以处理 tweets 进行分析。在这种情况下，点对点消息系统有助于提供这些跨平台应用程序之间的互操作性。

发布/订阅消息系统

在本节中，我们将看一个不同消息模型，称为发布/订阅（Publish-subscribe，即 Pub/Sub）消息模型。

在这种类型的模型中，订阅者将它的兴趣注册到某个特定的 topic 或事件中，并且随后以异步方式通知事件。订阅者有能力在事件或事件的模式中表达它们的兴趣，并随后通知由发布者产生的与注册兴趣相匹配的任何事件。这些事件由发布者产生。它不同于 PTP 消息模型，因为 topic 可以有多个接收者，每个接收者接收到每个消息的副本。换句话说，一个消息被广播到所有的接收者，而不必轮询 topic。在 PTP 模型中，接收者轮询队列以获得新的消息。

当你需要向很多消息消费者广播事件或消息时，使用 Pub/Sub 消息传递模型。与 PTP 消息传递模型不同，所有监听 topic 的消息消费者（称为订阅者）都将接收消息。

Pub/Sub 消息模型的一个重要方面是，topic 抽象很容易理解和增强平台的互操作性。此外，消息可以保留在 topic 中，直到它们被传递给主动订阅者为止。

在 Pub/Sub 模型中有一个持久订阅的选项，允许订阅服务器断开连接、重新连接并收集当它不活动时发送的消息。Kafka 消息系统包含了一些重要的设计原则。

图 1-5 描述了发布/订阅消息的基本模型。此类事件服务通常称为队列。这种交互需要一个服务来提供事件的存储、通知服务、管理订阅的方式以及确保有效地将事件交付到目的地的服务。一般来说，我们称此服务为队列。队列在事件生产者和事件消费者之间充当中立的中介。生产者可以生成它们想要的队列中所有数据，并且所有的消费者都将订阅它们感兴趣的队列。消费者不关心消息源，生产者不关心消费者。消费者可以随时取消订阅队列。

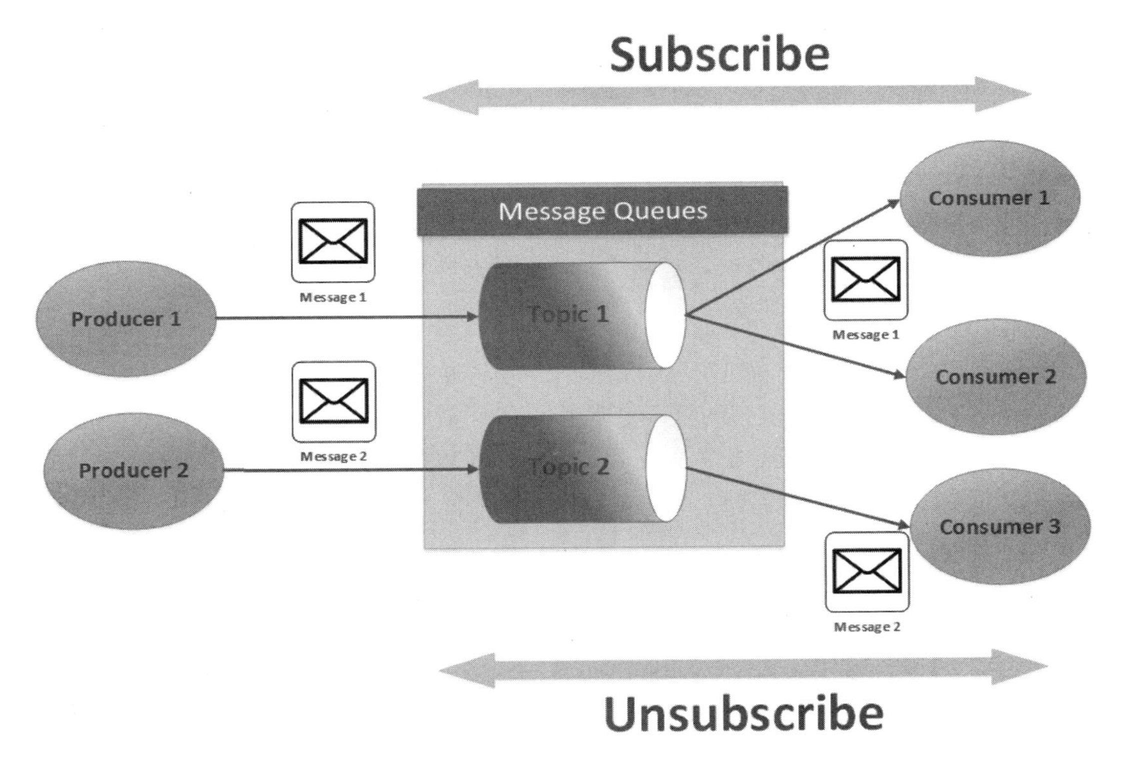

图 1-5　发布/订阅消息模型

你可以从中推断出关于 Pub/Sub 消息系统的以下要点：

- 消息通过一个称为 topic 的通道共享。一个 topic 是一个集中的地方，生产者可以发布消息，订阅者可以消费消息。
- 每个消息传递给一个或多个消息消费者，称为订阅者。
- 发布者一般不知道，也不关心哪些订阅者正在接收 topic 消息。
- 消息被推送给消费者，这意味着消息被传递给消费者，而不需要它们的请求。消息通过称为 topic 的虚拟通道进行交换。传递到的 topic 会自动推送给所有有资格的消费者。
- 生产者和消费者之间没有耦合。订阅者和发布者可以在运行时动态添加，这使得系统可以随着时间的推移而增长或缩小。

- 订阅 topic 的每个客户端都会接收到自己订阅 topic 的消息副本。一个发布者产生的单条消息可以被复制并分发给数百甚至上千的订阅者。

当你想向多个消息消费者广播消息或事件时，你应该使用 Pub/Sub 模型。这里的重点是多个消费者可能会消费该消息。

通过设计，Pub/Sub 模型把消息的副本推送给多个订阅者。一些常见的示例会通知异常或错误，并更改数据库中特定数据项的通知。

在任何情况下，你需要通知事件的多个消费者，这是对 Pub/Sub 模型的良好使用。例如，当应用程序或系统组件出现异常时，你希望发送通知给 topic。你可能不知道这些信息是如何使用的，或者是什么类型的组件将使用它。这个异常会不会发送给感兴趣的各方呢？会将通知发送到传呼机或寻呼机吗？这就是 Pub/Sub 模型的美妙之处。消息发布者不关心或不需要担心信息将如何被使用。它只是将信息发布到一个 topic。

AQMP

正如前面部分所讨论的，有不同的数据传输协议，可以在发送者、接收者和消息队列中传输消息。在这本书的范围内，我们很难涵盖所有这些协议。但是，理解这些数据传输协议是如何工作的，以及为什么它是面向消息的应用程序集成体系结构的重要设计决策，这一点很重要。在此基础上，我们将介绍这种协议的一个例子：高级消息队列协议，也称为 AQMP（Advance Queuing Messaging Protocol）。

AQMP 是一种开放的异步消息队列协议。AQMP 提供了更丰富的消息传递功能集，可用于支持非常高级的消息传递的场景。如图 1-6 所示，在任何基于 AQMP 的消息系统中，都有三个主要组件：

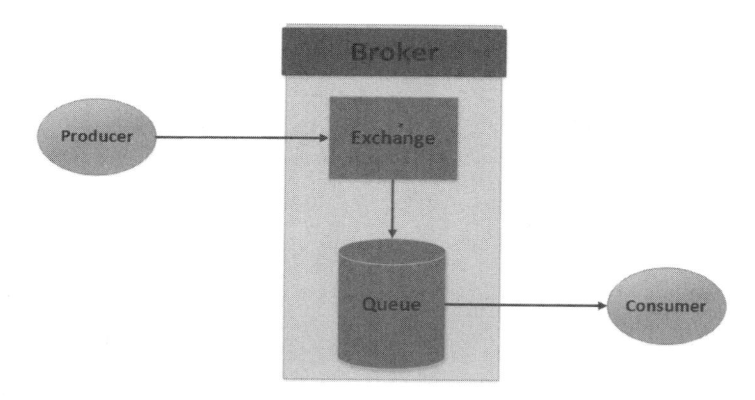

图 1-6 AQMP 架构

顾名思义，生产者将消息发送给 brokers，然后将消息传递给消费者。每个 broker 都有一个称为 Exchange 的组件，负责将消息从生产者路由到合适的消息队列。

一个 AQMP 消息系统包含如下三个主要组件：

- 发布者（Publisher）
- 消费者（Consumer）
- 代理/服务器（Broker/Server）

每个组件在数量上可以是多个，并且位于独立主机上。发布者和消费者之间通过消息队列进行通信，这些消息队列将绑定到 brokers 之间的 exchanges 上。AQMP 提供可靠的、有保证的、有序的消息传递。一个 AQMP 模型中的消息交换可以遵循各种方法。让我们来看看它们中的每一个：

- Direct exchange（直接交换）：这是一个基于 key 的路由机制。在这个过程中，一条消息被传递到队列，该队列的名称等于消息的路由键。
- Fan-out exchange（扇出交换）：Fan-out exchange 将消息路由到与其绑定的所有队列，并且路由 key 被忽略。如果有 N 个队列绑定到一个 Fan-out exchange 上，当把一个新消息发布到该 exchange 时，消息的副本会被传送到所有 N 队列。Fan-out exchange 是消息广播路由的理想选择。换句话说，消息被克隆并发送到与此 exchange 连接的所有队列中。
- Topic exchange（主题交换）：在 Topic exchange 中，可以使用通配符将消息路由到一些连接的队列。Topic exchange 类型通常用于实现各种发布/订阅模式的变体。Topic exchange 通常用于消息的多播路由。

在大数据流应用程序中使用消息系统

在本节中，我们将讨论消息系统是如何在大数据应用程序中发挥重要作用的。

我们先来看一下在一个大数据应用程序中的不同层次：

- 摄取层（Ingestion layer）：在某些层次系统中，需要处理的数据被摄取。可以有许多数据来源，它们需要进行相同或不同的处理。
- 处理层（Processing layer）：它包含处理摄取层接收到的数据的业务逻辑，并应用一些转换使其成为可用的形式。可以将原始数据转换为信息。对于相同或不同的数据，可以有多个处理的应用程序。每个应用程序可能有不同的处理逻辑和功能。
- 消费层（Consumption layer）：这个层包含处理层处理的数据。这个处理过的数据是一个事实点，它包含了商业决策者的重要信息。可以有多个消费者使用相同的数据用于不同的目的，或者相同的目的使用不同的数据。

流应用程序可能属于第二层，即处理层。相同的数据可以同时被许多应用程序使用，并且可以有不同的方式将这些数据提供给应用程序。因此，应用程序可以是流化、批处理，或者微批处理。所有这些应用程序都以不同的方式使用数据，即流应用程序可能需要将数据作为连续的流，而批处理应用程序可能需要批量数据。然而，我们已经说过这个数据可以有多个来源。

我们可以在这里看到多个生产者和多个消费者用例，因此我们必须使用一个消息系统。相同的消息可以被多个消费者消费，所以我们需要保留消息，直到所有的消费者都消费它。如何让一个消息系统能够保留数据，直到我们需要它，并提供高度的容错功能，以及提供不同的数据流、批量数据和微批量的消费方式？

流应用程序将简单地从消息队列中消费数据，并根据需要处理这些数据。然而，有一个问题，如果流应用程序接收到的消息失败了，如果有很多这样的消息呢？在这种情况下，我们可能希望有一个系统来帮助我们根据请求提供这些消息并重新处理它们。

我们需要一个消息系统告诉流应用程序，消息已被发布了，请处理它。图 1-7 将帮助你了解一个使用流应用程序的消息系统的用例。

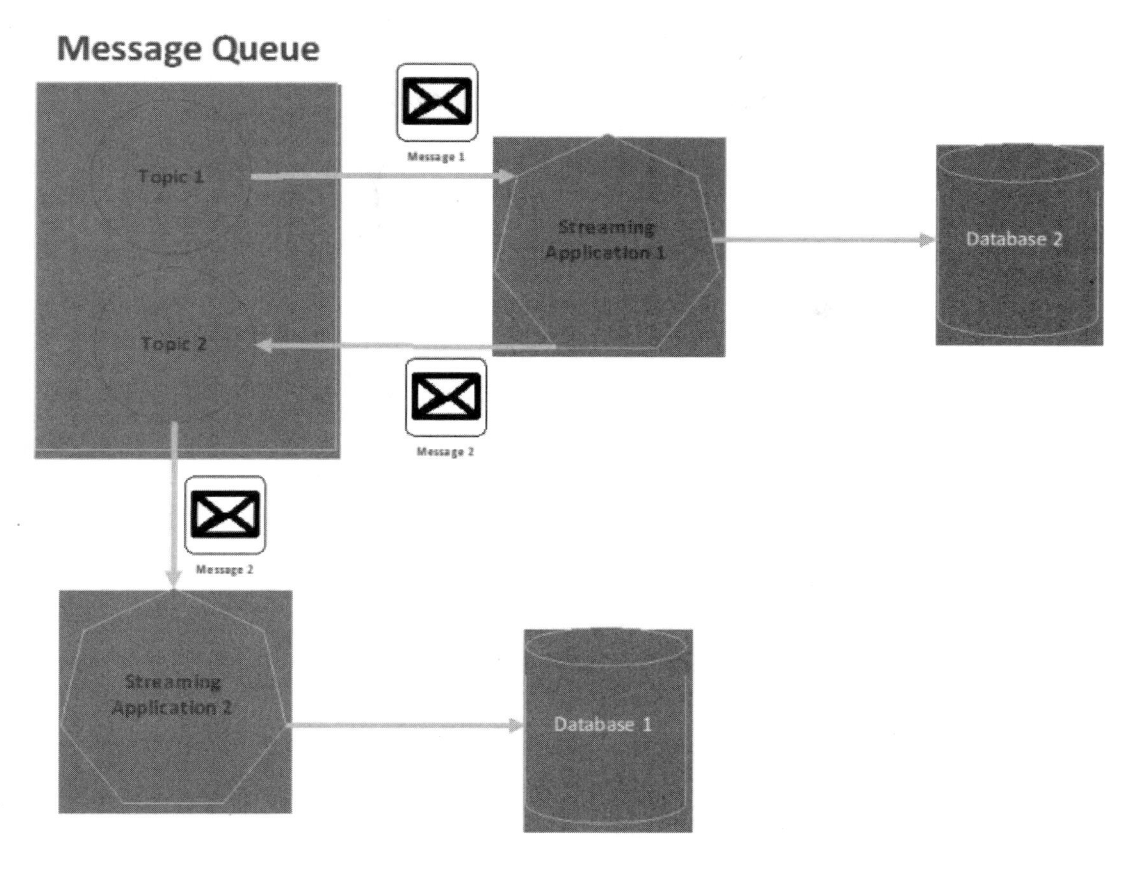

图 1-7　带有队列的实时流

对图 1-7 进行以下几点说明：

- Streaming Application 1 已经订阅了 Topic 1，这意味着发布到 Topic 1 的任何事件都将立即用于 Streaming Application 1 。
- Streaming Application 1 处理事件并将其存储到两个目的地：一个是数据库 Database 2，另一个是消息系统的 Topic 2。在这里，流应用程序充当 Topic 2 的生产者。请记住，还可以有其他应用程序从 Topic 1 中使用事件。
- Streaming Application 2 已经订阅了 Topic 2，当消息事件被发布到 Topic 2 时，它将立即收到事件。请记住，可以有其他应用程序将事件发布到 Topic 1 和 Topic 2。

- Streaming Application 2 处理事件并将其存储到数据库 Database 1 中。

在流应用程序中，每个流或消息都有其自身的重要性，将根据消息的类型或性质触发某些内容。这里有一个场景，其中一个流应用程序处理该事件，并将其传递给另一个流应用程序进行进一步处理。在这种情况下，它们都需要有一个沟通的媒介。请记住，应用程序应该关心它想做什么，而不是如何将数据发送到某个地方。这个场景是发布/订阅消息系统的最佳用例，因为它将确保生产者发布的消息将到达所有订阅了它的应用程序。

总结一下我们关于消息系统的讨论结果，这些是对任何流应用程序都很重要的要点：

- 高消费率：流数据源可以是点击流数据或社交媒体数据，其中消息生成率很高。流应用程序可能需要也可能不需要以类似的速度消费消息。我们可能希望有一个可以以更高速度消费数据的消息队列。
- 保证传递：一些流应用程序不能丢失消息，我们需要一个系统，保证在需要的时候将消息发送到流应用程序中。
- 持久化的能力：可以有多个应用程序以不同的速率消费相似的数据。我们可能希望有一个消息系统，它可以在一段时间内保留数据，并以异步方式将数据服务于不同的应用程序。这有助于所有应用程序解耦和设计为服务体系架构。
- 安全：有些应用程序可能希望对它们所消费的数据具有安全性，你可能不希望与来自同一消息系统的其他应用程序共享一些数据，你想要一个确保这样安全的系统。
- 容错：应用程序从不希望有一个系统在需要时不传递消息或数据。我们希望有一个能够保证容错并提供消息服务的系统，而不考虑服务器在为数据服务之前出现故障。

还有许多其他的观点迫使我们去做一个至少具有前面提到的功能的消息系统。我们将在接下来的章节中讨论 Kafka 与其他消息系统的不同之处，并满足（实现）流应用程序的消息系统的要求。

总　结

在本章中，我们讨论了消息系统的概念。我们了解了企业中对消息系统的需求。我们进一步强调了不同的使用消息系统的方法，例如点对点或发布/订阅。我们还引入了高级消息队列协议（AQMP）。

在下一章节中，我们将详细了解 Kafka 的架构以及组件。我们还将学习在消息系统及其类型中讨论的实现部分的细节。

第2章 介绍 Kafka 分布式消息平台

在本章节中，我们将介绍 Kafka，一种广泛采用的可伸缩、高性能和分布式消息平台。我们将根据不同的 Kafka 组件，以及它们如何协调工作来实现可靠的消息传递。你应该把这一章看作 Kafka 的一个基础章节，用于帮助你熟悉 Kafka 整个系统。本章将帮助你更好地掌握下一章节，因为在下一章节我们将深入讨论 Kafka 各种组件。在本章末尾，你将清楚地了解 Kafka 的架构和 Kafka 消息系统的基本组件。

我们将在本章中讨论如下主题：

- Kafka 来源
- Kafka 架构
- 消息主题（Message topics）
- 消息分区（Message partitions）
- 复制和复制的日志（Replication and replicated logs）
- 消息生产者（Message producers）
- 消息的消费者（Message consumers）
- Zookeeper 的角色

Kakfa 来源

大多数人都在职业生涯中使用 LinkedIn 的门户网站。Kafka 系统最初是由 LinkedIn 技术团队建立的。LinkedIn 构建了一个软件度量收集系统，使用自定义内部组件，并得到现有开源工具的支持。该系统用于在门户网站上收集用户活动数据。他们使用此活动数据向各自 Web 门户上的每个用户显示相关信息。该系统最初是作为传统的基于 XML 的日志服务构建的，后来使用不同的提取 ETL（抽取、转换和加载）工具进行处理。然而，这种安排在很长一段时间内效果不佳。他们开始遇到各种各样的问题。为了解决这些问题，他们建立了一个名为 Kafka 的系统。

LinkedIn 构建了 Kafka 作为分布式、容错、发布/订阅系统。它记录消息并将消息组织到 topics 中。应用程序可以在 topics 中生成或消费消息。所有消息都作为日志存储在持久的文件系统中。Kafka 是一个 WAL（write-ahead logging）日志系统，它将所有已发布的消息写入日志文件，然后将其用于用户应用程序。订阅者/消费者可以在适当的时间范围内读取这些消息。Kafka 的建立有以下目标：

- 消息生产者和消息消费者之间的松散耦合
- 持久化的消息数据支持各种数据消费场景和失败处理
- 具有低延迟组件的最大端到端吞吐量
- 使用二进制数据格式管理不同的数据格式和类型
- 在不影响现有集群设置的情况下线性扩展服务器

在接下来的部分中，我们将详细介绍 Kafka，你应该了解 Kafka 的一个常见用法——流处理架构。可靠的消息传递语义将有助于消费高速率的事件。此外，它还提供了消息回放功能，以及支持不同类型的消费者。这更有助于流架构的容错性，并支持各种警报和通知服务。

Kafka 架构

本节将介绍 Kafka 的架构。在本节末尾，你将清楚地了解 Kafka 的逻辑和物理架构。下面我们来看看 Kafka 组件是如何在逻辑上组织起来的。

Kafka topics 中的每条消息都是一个字节集合。这个集合表示为一个数组（array）。生产者是在 Kafka 队列中存储信息的应用程序。它们向 Kafka topics 发送消息，这些 topics 可以存储所有类型的消息。每个 topic 都被进一步划分为分区。每个分区按照消息达到的顺序存储。在 Kafka 中，生产者/消费者可以执行两项主要操作，生产者将消息追加到 WAL 日志文件的末尾，消费者从属于给定 topic 分区的日志文件中获取消息。物理上，每个 topic

的数据都分布在不同的 Kafka brokers 上，每个 broker 持有每个 topic 的一个或两个分区。

理想情况下，Kafka pipelines 应该为每个 broker 和每个机器的所有 topics 设置统一的分区数。消费者是订阅 topic 或接收来自这些 topics 消息的应用程序或进程。

下面图 2-1 将向你展示 Kafka 集群的概念布局。

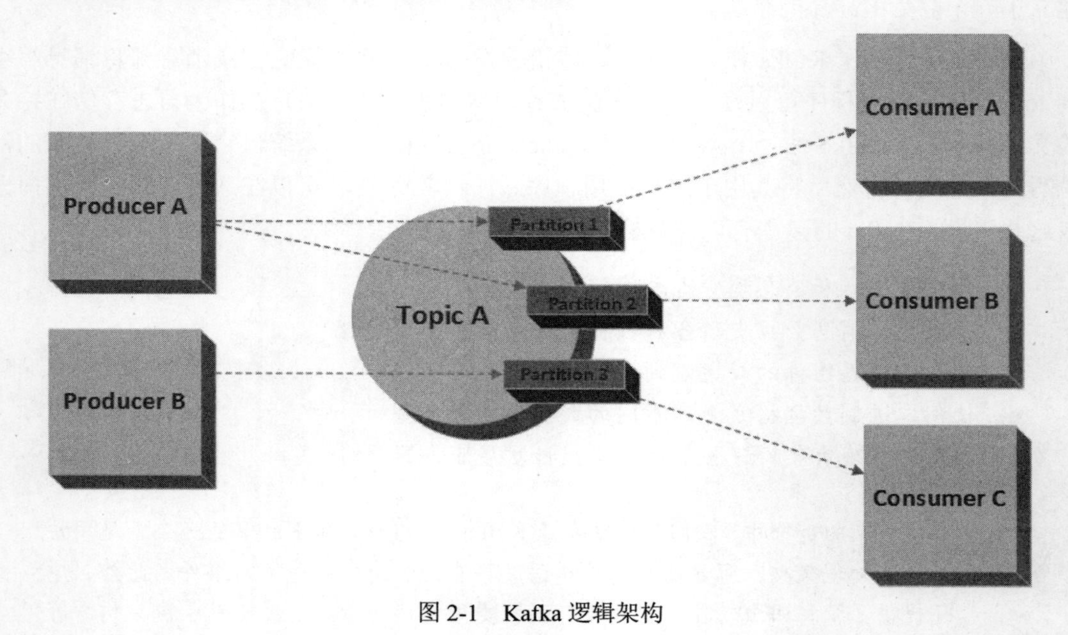

图 2-1　Kafka 逻辑架构

图 2-1 描述了 Kafka 的逻辑架构，以及不同的逻辑组件是如何协同工作的。尽管理解 Kafka 架构的逻辑划分很重要，但你也需要了解 Kafka 的物理架构是什么样子的，这将在以后的章节中帮助你去理解。Kafka 集群基本上由一个或多个服务器（节点）组成。下面图 2-2 将描述多节点 Kafka 集群。

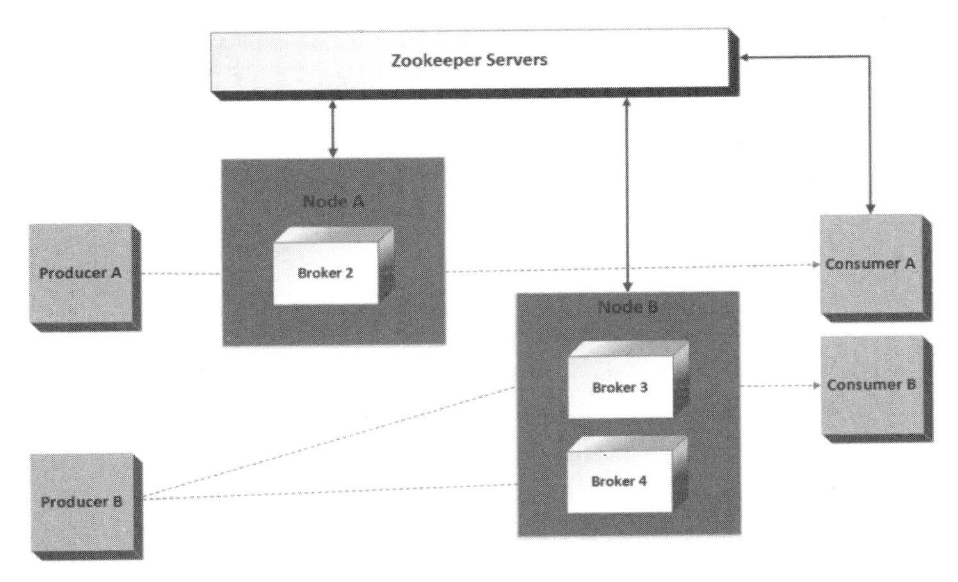

图 2-2　Kafka 物理架构

一个典型的 Kafka 集群由多个 brokers 组成。它有助于在集群中实现读取和写入消息的负载均衡。这些 brokers 中的每一个都是无状态的，可使用 Zookeeper 来维持它们的状态。每个 topic 分区都有一个 broker 作为 leader，0 或更多的 brokers 作为 followers。leader 管理对各自分区的读或写请求。followers 在后台复制 leader，而不会主动干扰 leader 的工作。你应该把 followers 看作 leader 的一个备份，在 leader 失败的情况下，它们会被选举为 leader。

Kafka 集群中的每个服务器要么是某个 topic 分区的 leader，要么是其他的一个 follower。这样，每个服务器上的负载都是平衡的。Kafka broker 的 leader 选举是在 Zookeeper 的帮助下完成的。

Zookeeper 是 Kafka 集群中的重要组成部分。它管理和协同 Kafka brokers 和消费者。在 Kafka 集群中，Zookeeper 可以跟踪任何新的 broker 的添加或任何现有的 broker 故障。因此，它将通知生产者或 Kafka 队列的消费者关于集群的状态。这有助于生产者和消费者与活跃的 brokers 协同工作。Zookeeper 也记录哪个 broker 是哪个 topic 分区的 leader，并将这些信息传递给生产者或消费者来读取和写入消息。

在这个时候，你必须熟悉关于 Kafka 集群的生产者和消费者应用程序。不过，简单地介绍一下这些内容是有好处的，这样你就可以验证你的理解了。生产者将数据推送给

brokers。在发布数据时，生产者搜索各自的 topic 分区被选举的 leader（broker），并自动向该 leader 的 broker 服务器发送消息。类似地，消费者读取来自 brokers 的消息。

消费者在 Zookeeper 的帮助下记录了自己的状态，Kafka 的 broker 是无状态的。这个设计有助于更好地伸缩 Kafka 集群。消费者的偏移量由 Zookeeper 维护。消费者使用分区的偏移量（offset）来记录消费了多少条消息。它最终确认对于 Zookeeper 的消息偏移量。这意味着消费者已经消费了偏移量之前的消息。

到 Kafka 架构最后部分的内容了，希望这时你已经理解了 Kafka 的架构，并理解所有的逻辑和物理组件。下一节我们将详细介绍这些组件。然而，在深入研究每个组件之前，你必须了解整个 Kafka 架构。

这里需要说明一点：从 Kafka 0.9 版本开始，Kafka 不再依赖 Zookeeper 存储偏移量，而是将偏移量存储在自己的 topic 中。Kafka 提供新的 Comsumer API，能够自己维护偏移量。这样做的好处是避免应用出现异常时，数据未消费成功，但偏移量已经提交，导致消息未消费的情况发生。另外，Kafka 可以自行维护消费者的偏移量，当然开发者自己也可以维护偏移量，方便实现相关的业务需求。

消息 topics

如果你喜欢软件开发和服务，我相信你将会听到诸如数据库、表、记录等术语。在数据库中，我们有多个表，比如 Items（商品）、Prices（价格）、Sales（销售）、Inventory（库存）、Purchase（购买）等。每个表包含一个特定类别的数据。应用程序中有两部分：一部分是将记录插入到这些表中，另一部分是从这些表中读取记录。在这里，表是 Kafka 中的 topic，将数据插入表的应用程序是生产者，而读取数据的应用程序是消费者。

在消息系统中，消息需要存储在某个地方。在 Kafka 中，我们将消息存储到 topics 中。每个 topic 都属于一个类别，这意味着你可能有一个 topic 存储 Items 信息，另一个 topic 存储 Sales 信息。想要发送消息的生产者可以将消息发送到它自己的 topic 类别。想要读取这些消息的消费者只需订阅它感兴趣的 topic 类别，并将其消费。以下是我们需要了解的一些术语（保留中英文，因为 Kafka 的配置参数中涉及一些相关的英文单词，方便理解）：

- Retention Period（保留期）：Topic 中的消息需要在规定的时间内存储，以节省空间，而不考虑吞吐量。我们可以设定保留期限，默认为 7 天。Kafka 将消息保存到指定的时间段，然后删除它们。

- Space Retention Policy（空间保留策略）：当空间使用大小达到配置中的阈值时，我们还可以配置 Kafka topics 来清除消息。然而，如果在部署 Kafka 之前还没有完成足够的容量规划，就可能会出现这种情况。
- Offset（偏移量）：Kafka 中的每条消息都被分配一个称为偏移量的数值。Topic 由很多分区组成。每个分区按照它们到达的顺序存储消息。消费者认可带有偏移量的消息，这意味着此偏移量之前的消息都被消费者接收了。
- Partition（分区）：每个 Kafka topic 由固定数量的分区组成。在 Kafka 的 topic 创建期间，你需要配置分区的数量。分区是分布式的，有助于实现高吞吐量。
- Compaction（压缩）：在 Kafka 0.8 中引入了 topic 压缩。这里没有办法改变 Kafka 之前的消息；只有在保留期结束后，消息才会被删除。有时，你可能会得到新的 Kafka 消息，其中包含一些更改，而在消费者方面，你只需要处理最新的数据。压缩帮助你通过使用相同键压缩所有消息，并创建键的一个映射偏移量来实现此目标。它有助于从大量的消息中删除重复的内容。
- Leader（领导者）：根据指定的复制因子，在 Kafka 集群中复制分区。每个分区都有一个 leader broker 和 followers，所有对分区的读写请求只会通过 leader。如果 leader 失败，另一个 leader 将会被选举出来，之前的处理过程会被恢复。
- Buffering（缓存）：Kafka 在生产者和消费者端缓存消息以增加吞吐量并减少 IO。我们稍后会详细讨论。

消息分区

假设我们拥有一张 Purchase 表，并且我们想从 Purchase 表中读取一个属于某个类别的商品记录，比如说，电子产品。在正常的事件过程中，我们会简单地过滤掉其他的记录，但是如果我们以这样的方式分区（partition）表的话，我们将能够快速读取我们需要的记录吗？

在 Kafka 中，当 topics 被划分为称为并行单元的分区时，就会发生这种情况。这意味着分区的数量越多，吞吐量越大，但这并不意味着我们应该选择大量的分区。我们将进一步讨论增加分区数量的优点和缺点。

在创建 topics 时，你经常碰到一个 topic 需要的分区数量。每个消息将被追加到分区，然后每个消息被分配给一个被称为偏移量的数值。Kafka 确保具有相似 key 的消息总是有相同的分区；它计算消息 key 的哈希值并将消息追加到分区。在 topics 中没有确保消息的时间顺序，但是在一个分区中，它总是有保证的。这意味着后到达的消息将总是被追加到分区的末尾。

分区是容错的。它们在 Kafka brokers 中复制。每个分区都有 leader，负责向想要从分区读取消息的消费者提供消息。如果 leader 失败了，新的 leader 会被选举出来继续为消费者提供消息。这将有助于实现高吞吐量和低延迟。

让我们了解一下大量分区的优点和缺点：

- 高吞吐量：分区是实现在 Kafka 中的并行化的一种方式。在不同的分区上写操作是并行化的，所有耗时的操作都将并行进行；该操作将最大限度地利用硬件资源。在消费者方面，一个分区将被分配给一个消费者组中的一个消费者，这意味着不同组中可用的不同消费者可以从同一个分区读取，但是相同消费组中的不同消费者将不允许读取相同的分区。

因此，单个消费者组的并行度取决于它所读取的分区的数量。大量的分区导致了高吞吐量。

选择分区的数量取决于你想要达到多大吞吐量。我们稍后会详细讨论它。生产者的吞吐量还依赖于许多其他因素，如批处理大小、压缩类型、复制数量、确认类型和其他配置，我们将在第 3 章（深入研究 Kafka 生产者）中详细介绍。

但是，我们应该非常小心地修改分区的数量——将消息映射到分区完全依赖于基于消息 key 生成的哈希码，保证具有相同 key 的消息将被写入相同的分区。这就保证了消费者以存储在分区中的顺序来传递消息。如果我们更改了分区的数量，消息的分布将会改变，并且这个顺序将不再为那些寻找先前顺序订阅的消费者提供保证。对于生产者和消费者的吞吐量可以根据不同的配置增加或减少，我们将在接下来的章节中详细讨论这些配置。

- 增加生产者内存：你一定想知道如何增加分区数量会迫使我们增加生产者的内存。在将数据刷新到 broker 并要求其存储在分区中之前，生产者会执行一些内部事务。生产者缓存到来的每个分区的消息。当到达上限或时间设置时，生产者将它的消息发送给 broker 并将其从缓冲区删除。

如果我们增加分区的数量，那么为缓冲分配的内存可能会在很短的时间间隔超过，而生产者将会阻塞生成消息，直到它向 broker 发送缓冲区数据为止。这可能会导致吞吐量下降。为了克服这个问题，我们需要在生产者方面配置更多的内存，这将导致向生产者分配额外的内存。

- 高可用性问题：Kafka 被称为高可用性、高吞吐率和分布式消息系统。Kafka 的 brokers 可以存储数千个不同 topics 的分区。通过该分区的 leader 来读取和写入。一般来说，如果 leader 失败了，选举一个新的 leader 只需要几毫秒。通过 controllers（控制器）来观察故障。controllers 只是 brokers 中的一个。现在，新的 leader 将会服务于生产者和消费者的要求。在服务请求之前，它从 Zookeeper 读取分区的元数据。然而，对于正常和预期的失败，时间窗口非常小，只需几毫秒。在意外失败的情况下，例如无意中杀死 broker，它可能会根据分区的数量延迟几秒钟。一般公式为：

延迟时间 = （分区/复制数量 * 读取单个分区元数据的时间）

另一种可能是，失败的 broker 是一个 controller（控制器），controller 的替换时间取决于分区的数量，新 controller 读取每个分区的元数据，而启动 controller 的时间将随着分区数量的增加而增加。Kafka 分区如图 2-3 所示。

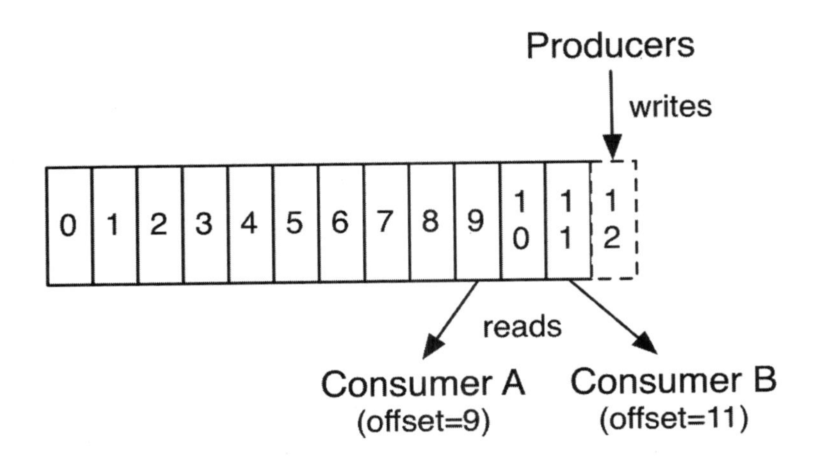

图 2-3　Kafka 分区

在选择分区数量的时候，应该小心谨慎，我们将在接下来的章节中讨论这个问题以及如何更好地利用 Kafka 的功能。

复制和复制日志

复制是Kafka系统实现可靠性的重要因素之一。每个topic分区的消息日志副本在Kafka集群中的不同服务器之间进行维护，可以分别为每个 topic 进行配置。它的本质意思是，对于一个 topic，你可以将复制因子设为 3；而对于另一个 topic，你也可以设为 5。所有的读取和写入都是通过leader完成的，如果leader失败，其中一个follower将被选举为新的leader。

一般来说，followers 会保留 leader 日志的副本，这意味着在收到所有 followers 的确认之前，leader 不会将消息提交。有几种不同的方法实现日志复制算法，它应该确保当 leader 告诉生产者消息被提交了时，它必须是消费者可读取的。

为了保持这种副本一致性，有两种方法。在这两种方法中，都将有一个 leader，通过它来处理所有读和写请求。复制管理和 leader 选举略有不同：

- 基于 Quorum 的方法：在这种方法中，leader 只会在大多数复制收到消息时标记消息提交状态。如果 leader 失败，选举新 leader 只会在 followers 之间进行协调。这里有许多算法用于选举 leader，而深入研究这些算法超出了本书的范围。Zookeeper 遵循基于 Quorum 的方法进行 leader 选举。
- 主备份方法：Kafka 遵循一种不同的方法来维护副本，Kafka 的 leader 在标记消息为提交状态之前等待所有 followers 的确认。如果 leader 失败，任何 followers 都可以接任 leader。

leader 会跟踪与其保持同步的副本列表，该列表称为 ISR（In Sync Replica，同步复制）。如果一个 follower 宕机，或者落后太多，leader 将把它从 ISR 中移除。这里所描述的“落后太多”指的是 follower 复制的消息落后于 leader 后的条数超过预定值（该值可在 $KAFKA_HOME/config/server.properties 中通过 replica.lag.max.messages 配置，其默认值是 4000）或者 follower 超过一定时间（该值可在$KAFKA_HOME/config/server.properties 中通过 replica.lag.time.max.ms 来配置，其默认值是 10000）未向 leader 发送获取请求。

这种方法会导致在延迟和吞吐量方面花费更多，但这将确保消息或数据的一致性。每个 leader 都记录 ISR。这意味着对于每个分区，我们将有一个 leader 和 ISR 存储在 Zookeeper

中。现在写和读操作如下：

- 写：所有的 leader 和 followers 都有它们自己的本地日志，在那里它们维护记录日志末尾偏移量。最后一个提交的消息偏移量称为高水位。当客户端请求将消息写入分区时，它首先从 Zookeeper 挑选出该分区的 leader，并创建一个写请求。leader 向日志中写入一条消息，然后等待 ISR 中的 followers 返回确认。一旦收到确认，它就会简单地增加指向高水位的指针并向客户端发送确认。如果在 ISR 中出现任何 followers 失败，leader 就会简单地从 ISR 中删除它们，并继续与其他 followers 进行操作。一旦之前失败的 followers 恢复后，它们就会通过日志同步追上 leader。现在，leader 又把这个 follower 加入到 ISR 列表中。
- 读：所有的读取都是只通过 leader 完成的。leader 成功确认的消息将提供给客户端读取。

图 2-4 将清晰地描述 Kafka 的日志实现。

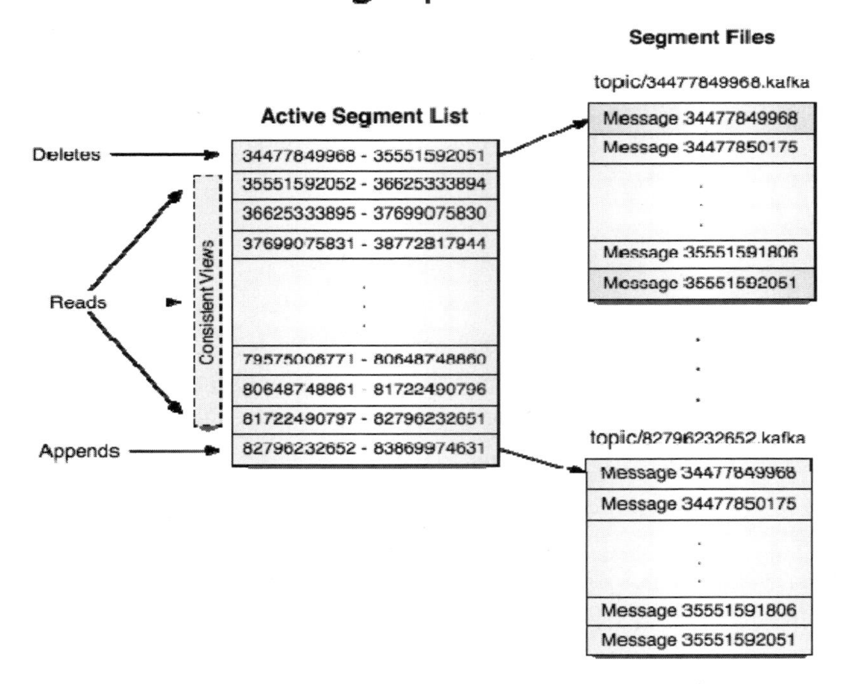

图 2-4　Kafka 日志实现

消息生产者

在 Kafka 中，生产者负责将它正在生产的消息发送到 topic 分区中。

生产者一般不会将数据写入分区，它会为消息创建写请求，并将其发送给 leader broker。Partitioner（分区器）计算消息的哈希值，它帮助生产者决定应该选择哪个分区。

哈希值通常是由我们在将消息写入 Kafka topic 时提供的消息 key 计算的。带有空 key 的消息将以 round-robin（轮询调度）方式分布在各个分区上，以确保消息的均匀分布。在 Kafka 中，每个分区都有一个 leader，每个读写请求都经过 leader。因此，请求通过 leader broker 将消息写入一个 topic 的分区。生产者根据设置等待消息的确认，通常它会一直等到特定消息的复制被成功确认。

请记住，除非所有副本都被确认提交了消息，否则它将无法读取。这个设置是默认的，并确保一个 leader 失败时消息不会丢失。

但是，你可以设置 acks 为 1，假定如果消息是由 leader 提交的就可以读取，Kafka 生产者可以生产下一条消息。这个设置是危险的，因为如果 brokers 在其他副本提交消息之前失败，消息就将丢失。这将导致持久性较低，但吞吐量较高。

1. acks=0，生产者不等待 broker 的 acks，发送的消息可能丢失，但永远不会重发。
2. acks=1，leader 不等待其他 followers 同步，leader 直接写 log 然后发送 acks 给生产者。这种情况下会有重发现象，可靠性比 only once 好一点，但是仍然会丢消息。例如，leader 挂了，但是其他 replication 还没有同步完成。
3. acks=all，leader 等待所有 followers 同步完成才返回 acks。消息可靠不丢失（丢了会重发），没收到 acks 会重发。

如果你的消费系统不希望在应用程序中丢失单条消息，那么最好在吞吐量上面进行折衷。我们将在下一章节详细讨论生产者。

消息消费者

消费者是任何订阅 Kafka topics 的节点。每个消费者都属于一个消费者组，一些消费者组包含多个消费者。消费者是 Kafka 的一个值得关注的部分，我们将详细介绍它们。

来自同一组的两个消费者不能从一个类似的分区上消费消息，因为这会导致不按顺序地将消息消费掉。然而，来自同一组的消费者可以同时消费同一 topic 的不同分区的消息。类似地，来自不同组的消费者可以在不影响消费顺序的情况下，在相同的分区中消费消息。

因此，很明显，组扮演着一个重要的角色。在 Kafka 的最初版本中，Zookeeper 用于组的管理，但在最新的版本中，Kafka 有自己内置的组协议。其中一个 broker 将充当组协调器（coordinator），负责为组分配和管理分区。我们将在后面的章节中讨论 Zookeeper 和它自己的协议。

请记住，我们讨论了在分区中给一条消息分配一个偏移量；每个消费者读取偏移量并将偏移量提交给组协调器或 Zookeeper。因此，如果消费者因为任何原因而失败，它将从提交的偏移量的下一条消息开始。

偏移量有助于保证消费者对消息的处理，这对于大多数应用程序来说是很重要的，因为它们不能在处理过程中丢失任何消息。

Zookeeper 扮演的角色

我们已经在前面的章节中讨论过很多关于 Zookeeper 的内容。Zookeeper 在 Kafka 的架构中扮演着非常重要的角色，理解它如何记录 Kafka 集群状态非常重要。因此，我们将在 Kafka 集群中使用一个单独的章节来介绍 Zookeeper 的角色。Kafka 不能在没有 Zookeeper 的情况下工作。Kafka 使用 Zookeeper 完成以下功能：

- 选择一个控制器（Controller）：Controller 是负责分区管理的 brokers 中的一个，负责 leader 选举、topic 创建、分区创建和副本管理。当一个节点或服务器关闭时，Kafka controllers 会从 followers 中选出分区 leaders。Kafka 使用 Zookeeper 的元数据信息来选择一个 controller。Zookeeper 确保在当前 controller 崩溃的情况下选择新的 controller。

- brokers 元数据：Zookeeper 记录了 Kafka 集群的每一个 broker 的状态。它记录了集群中每个 broker 的所有相关元数据。生产者/消费者与 Zookeeper 交互以获取 brokers 的状态。
- topic 元数据：Zookeeper 也记录 topic 元数据，比如分区的数量、详细的配置参数等。
- 客户端配额信息：使用最新版本的 Kafka，引入了配额的特性。配额对客户端读取和写入 Kafka topic 消息时按字节速率进行限定。所有的信息和状态都由 Zookeeper 维护。

从 0.9 版本开始，Kafka 集群对生产和消费请求进行限额配置，配置主要是根据客户端分组按字节速率进行限定的。生产者/消费者可能在生产/消费大量的数据，因此会对服务器资源大量独占，导致网络达到饱和，对其他客户端造成影响。如果项目配置了限额就可以降低这些问题，特别是在多租户的集群中，一小部分低质量的客户端用户会降低这个用户集群的体验，当使用 Kafka 作为一项服务时，甚至可以通过上层的协议来使用 API 进行强制限制。

- Kafka topic 的 ACLs：Kafka 有一个内置的授权模块，它被定义为访问控制列表（ACLs）。这些 ACLs 决定了用户角色，以及每个角色在各自 topic 上的读取和写入权限类型。Kafka 使用 Zookeeper 来存储所有的 ACLs。

前面的要点总结了如何在 Kafka 集群中使用 Zookeeper，以及为什么 Kafka 集群不能在没有 Zookeeper 的情况下运行。在接下来的章节中，你将更深入地了解 Zookeeper 的概念。

总　结

我们已经来到了本章的最后，现在你应该对 Kafka 消息系统有一个基本的了解。掌握任何系统的一个重要方面是，你应该首先在一个较高的层次上理解系统的端到端。当你详细了解系统的各个组件时，这会使你处于更好的位置。你始终可以建立与端到端系统的逻辑连接，并理解为什么各个组件都以特定方式进行设计。在本章中，我们的目标是一样的。

首先我们从发现为什么建立 Kafka 开始。我们在 LinkedIn 系统中提出了问题，然后引导我们去创建 Kafka。这一部分将会让你对 Kafka 可以解决的问题类型有一个清晰的认识。

我们进一步涵盖了 Kafka 的逻辑和系统架构，将 Kafka 架构分为两种观点将有助于你对 Kafka 的功能和技术的理解。逻辑观点更多的是从建立数据流和查看不同组件如何相互依赖的角度出发。技术观点将帮助你在技术上设计生产者/消费者应用程序并理解 Kafka 物理设计。物理观点更多的是逻辑结构的系统观点（system-wise view）。物理架构涵盖生产者应用程序、消费者应用程序、Kafka brokers（节点）和 Zookeeper。

在本章中，我们讨论了在 Kafka 架构中所展示的所有组件。我们将在接下来的章节中深入讨论这些组件。你的重要目标应该是了解每个 Kafka 组件的角色和职责。Kafka 的每个组件都有一定的作用，即使其中一个缺失了，Kafka 整体功能也无法实现。本章的其他关键内容是理解并行和分区系统是如何在 Kafka 中工作的。这是设计 Kafka 低延迟系统的关键方面之一。

在下一章节，我们将深入探讨 Kafka 的生产者以及如何设计一个生产者应用程序。我们将介绍不同的生产者 API 和一些与 Kafka 生产者相关的最佳实践。

第3章 深入研究 Kafka 生产者

在前面的章节中，你已经了解了消息系统和 Kafka 架构。虽然这是一个良好的开端，但是我们现在将更深入地研究 Kafka 的生产者。Kafka 可以用作消息队列、消息总线或数据存储系统。不管在你的企业中如何使用 Kafka，你都需要一个可以将数据写入 Kafka 集群的应用程序系统。这样的系统被称为生产者。顾名思义，它们是 Kafka topics 的消息源或生产者。本章节是关于 Kafka 的生产者、它们的内部工作、使用 Java 或 Scala API 编写生产者的例子，以及一些编写 Kafka API 的最佳实践。我们将在本章中讨论以下主题：

- Kafka 生产者的内部机制
- Kafka 生产者 API 以及使用
- 分区和它们的使用
- 额外的生产者的配置
- 一些常见的生产者模式
- 一个生产者的例子
- Kafka 生产者遵循的最佳实践

Kafka 生产者内部机制

在本节中，我们将介绍不同的 Kafka 生产者的组件，并在更高的级别上介绍如何将消息从 Kafka 生产者应用程序转移到 Kafka 队列。在编写生产者应用程序时，通常使用生产者 API，这些 API 在非常抽象的级别上暴露一些方法。在发送任何数据之前，这些 API

执行了很多步骤。因此，了解这些内部步骤是非常重要的，可以获取 Kafka 生产者的完整知识。我们将在本节中介绍这些内容。首先，我们需要理解 Kafka 生产者除了发布消息之外的其他职责。下面我们来一个一个介绍：

- Bootstrapping Kafka broker URLs：生产者连接至少一个 broker 以获取关于 Kafka 集群的元数据。可能发生的情况是，生产者想要连接的第一个 broker 可能停掉了。为了确保故障转移，生产者需要实现去获取一个以上的 broker URL 列表来引导。生产者遍历 Kafka borker 地址列表，直到找到一个可以连接上的 broker 地址，以获取集群元数据。
- 数据序列化：Kafka 使用二进制协议发送和接收 TCP 上的数据。这意味着，在向 Kafka 写入数据时，生产者需要将有序字节序列发送到指定的 Kafka broker 的网络端口。随后，它将以相同的有序方式从 Kafka broker 读取响应字节序列。broker 生产者将每条消息数据对象序列化为 ByteArrays，然后将任何记录发送给相关的 broker。类似地，它将从 broker 接收的任何字节序列转换为对消息对象的响应。
- 决定 topic 分区：Kafka 生产者负责确定需要将数据发送到哪一个 topic 分区。若该分区是由调用程序指定的，则生产者 API 不需要确定 topic 分区，并直接将数据发送给它。但是，如果没有指定分区，则生产者将为消息选择分区。这通常基于消息数据对象的 key。如果想要数据按照企业特定的业务逻辑进行分区，你还可以为自定义分区编写代码。
- 决定分区 leader：生产者直接向分区的 leader 发送数据。生产者的责任是确定将消息写入分区的 leader 中。为此，生产者要从任何 brokers 那里获取元数据。这时，broker 响应关于活动的服务器和 topic 分区的 leaders 的请求。
- 处理/重试失败的能力：处理失败响应或重试次数是需要通过生产者应用程序控制的。你可以通过生产者 API 配置来设置重试的次数，这必须根据你的企业标准来决定。异常处理应该通过生产者应用程序组件完成。根据异常的类型，你可以确定不同的数据流。
- 批处理：对于有效的消息传输，批处理是一种非常有用的机制。通过生产者 API 配置，你可以控制是否需要在异步模式下使用生产者。批处理确保减少 I/O，并能最优地利用生产者内存。在决定批处理消息的数量时，你必须考虑端到端延时。端到端延时随着消息数量的增加而增加。

希望前面的内容给你一个关于 Kafka 生产者主要职责的思路。现在，我们将讨论 Kafka 生产者数据流。这将使你清楚地了解生产 Kafka 消息的步骤。

在生产者 API 中，内部实现或步骤的顺序可能会因各自的编程语言而异。有些步骤可以使用线程或回调来并行完成。

图 3-1 显示了向 Kafka 集群发送消息的高级步骤。

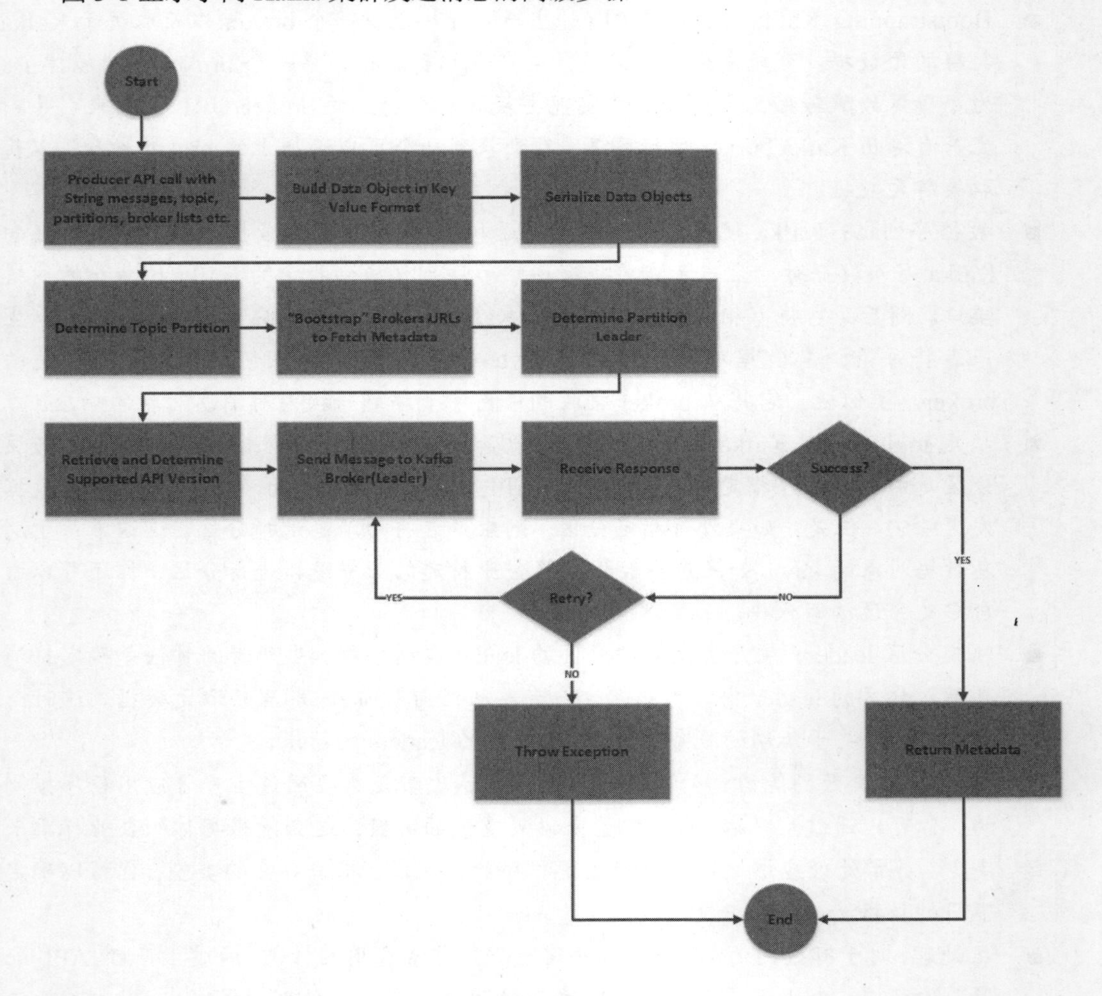

图 3-1　Kafka 生产者高级流

将消息发布到 Kafka topic 是从调用生产者 API 开始的，并使用适当的细节，比如使用字符串格式化的消息、topic、分区（可选）以及其他配置细节，如 broker URLs 等。生产者 API 使用传递的消息以嵌套的键值对的形式形成一个数据对象。一旦数据对象形成，生产者就其序列化为字节数组（byte array）。你可以使用内置的序列化器，也可以开发自定义的序列化器。Avro 是常用的数据序列化器之一。

序列化确保符合 Kafka 二进制协议和高效的网络传输。

接下来确定需要发送数据的分区。如果在 API 调用中传递了分区信息，那么生产者将直接使用该分区。然而，在不传递分区信息时，生产者决定数据发送到哪个分区。通常，这是由数据对象中定义的 key 决定的。一旦确定了记录分区，生产者就决定要连接哪个 broker 以发送消息。这通常是由选择生产者的引导进程完成的，然后根据获取的元数据确定 leader broker。

生产者还需要确定支持 Kafka broker 的 API 版本。这是通过使用由 Kafka 集群公开的 API 版本实现的。其目标是生产者将支持不同版本的生产者 API。在与各自的 leader broker 进行沟通时，它们应该使用生产者和 brokers 支持的高级 API 版本。

生产者在它们的写请求中发送使用的 API 版本。如果一个兼容的 API 版本没有体现在写请求中，brokers 可以拒绝写请求。这种设置确保了增量 API 演化，同时支持老版本的 API。

一旦将序列化的数据对象发送给选定的 broker，生产者就会收到这些 brokers 的响应。如果它们接收到关于相应分区的元数据，以及新的消息偏移量，那么响应会被认为是成功的。如果在响应接收了错误代码，生产者就可以抛出异常，或者按照所接收的配置进行重试。

在本章中，我们将深入研究 Kafka 生产者 API 的技术方面，并使用 Java 和 Scala 语言编写相应的程序。

Kafka 生产者 API

Kafka 为你提供了一组丰富的 API，以创建应用程序与之交互。我们将详细介绍生产者 API 并了解它的用途。

创建一个 Kafka 生产者包括以下步骤：

（1）所需配置。

（2）创建一个生产者对象。

（3）设置生产者的记录。

（4）如果需要，创建自定义分区。

（5）额外的配置。

所需配置：在大多数应用程序中，我们首先从创建初始化配置开始，否则我们无法运行应用程序。以下是三个必需的配置参数：

- bootstrap.servers 包含 Kafka brokers 地址列表。这个地址以 hostname:port 格式指定。我们可以指定一个或多个 broker，但是我们推荐你至少指定两个地址，以防一个 broker 挂掉了，生产者可以使用另一个 broker。

> 没有必要指定所有的 brokers，因为 Kafka 生产者可以查询其他 broker 的信息。在老版本的 Kafka 中，我们使用 metadata.broker.list 属性来指定 brokers 列表（host:port）。

- key.serializer 消息以 key-value 对的形式发送给 Kafka brokers。brokers 期望这个键值对是字节数组。因此，我们需要告诉生产者，要使用哪个序列化类将这个键值对转换为一个字节数组。这个配置项将告诉生产者使用哪个类来序列化消息的键（key）。

  Kafka 提供我们三个内置序列化类：ByteArraySerializer、StringSerializer 和 IntegerSerializer。所有这些类都在 org.apache.kafka.common.serialization 包中并实现序列化接口。
- value.serializer 这个配置项和 key.serializer 相似，但是这个配置项告诉生产者要使用哪个类来序列化消息的值（value）。你可以实现自己的序列化类并分配给该属性。

让我们来看一下在编程中如何实现它们。

在 Java 中的 Producer API：

```
Properties producerProps = new Properties();
producerProps.put("bootstrap.servers","broker1:port,broker2:port");
```

```
producerProps.put("key.serializer","org.apache.kafka.common.serializatio
n.StringSerializer");
producerProps.put("value.serializer","org.apache.kafka.common.serializat
ion.StringSerializer");
KafkaProducer<String,  String>  producer  =  new  KafkaProducer<String,
String>(producerProps);
```

在 Scala 中的 Producer API：

```
val producerProps = new Properties();
producerProps.put("bootstrap.servers", "broker1:port,broker2:port")
producerProps.put("key.serializer",
"org.apache.kafka.common.serialization.StringSerializer")
producerProps.put("value.serializer",
"org.apache.kafka.common.serialization.StringSerializer")
val producer = new KafkaProducer[String, String](producerProps)
```

前面的代码包含三个具体的点：

- 属性对象：我们首先创建一个属性的对象，这个对象包含 put 方法，该方法用于存放配置键值对属性。
- 序列化类：我们将使用 StringSerializer 作为 key 和 value 的序列化类，key 和 value 是字符串类型。
- 生产者对象：我们通过将配置对象传递给生产者来创建一个生产者对象，它为生产者提供关于 brokers 服务器、序列化类的具体信息，以及稍后我们将看到的其他配置。

Producer 对象和 ProducerRecord 对象

生产者接受 ProducerRecord 对象去发送记录到 .ProducerRecord topic 中。它包含 topic 名称、分区数、时间戳、键和值。其中，分区数、时间戳和 key 是可选参数，但是数据发送的 topic 和数据包含的值都是必需的。

- 如果指定了分区数，那么在发送记录时将使用指定的分区。
- 如果没有指定分区数，但是指定了一个键，那么将使用键的 hash 值选择一个分区。
- 如果分区和键都没有指定，则将以 round-robin 方式分配分区。

Java 中的 ProducerRecord：

```
ProducerRecord producerRecord = new ProducerRecord<String,
String>(topicName, data);
Future<RecordMetadata> recordMetadata = producer.send(producerRecord);
```

Scala 中的 ProducerRecord：

```
val producerRecord = new ProducerRecord[String, String](topicName, data)
val recordMetadata = producer.send(producerRecord)
```

针对 ProducerRecord 类，有不同的构造函数可供使用：

- 第一种构造函数：
  `ProducerRecord(String topic, Integer partition, K key, V value)`

- 第二种构造函数：
  `ProducerRecord(String topic, Integer partition, Long timestamp, K key, V value)`

- 第三种构造函数：
  `ProducerRecord(String topic, K key, V value)`

- 最后一种构造函数：
  `ProducerRecord(String topic, V value)`

每一条记录都有一个与之相关的 timestamp。如果我们没有指定 timestamp，生产者将会使用它的当前时间标记这条记录。Kafka 最终使用的 timestamp 依赖于为特定 topic 配置的 timestamp 类型：

- CreateTime：ProducerRecord 的 timestamp 将用于对数据追加 timestamp。
- LogAppendTime：Kafka broker 将覆盖 ProducerRecord 的 timestamp，并在将消息添加到日志文件中时添加一个新的 timestamp。

一旦数据使用 send()方法传输时，broker 持久化消息到分区日志中，并返回 RecordMetadata 对象，该对象中包含响应记录服务器的元数据，包括 offset、checksum、timestamp、topic 和 serializedKeySize 等。我们之前讨论过公共消息发布模式。消息的发送可以是同步的，也可以是异步的。

同步消息：

生产者发送一条消息，然后等待 brokers 的响应。Kafka broker 要么发送一个错误，要么发送一个 RecordMetadata 对象。我们可以根据它们的类型来处理错误。这种消息传递将降低吞吐量和增大延迟，因为生产者将等待响应发送下一条消息。

通常，Kafka 重试发送消息，以防止出现某些连接错误。然而，与序列化、消息等相关的错误必须由应用程序来处理，在这种情况下，Kafka 不会尝试重新发送消息并立即抛出异常。

Java：

```
ProducerRecord producerRecord = new ProducerRecord<String,
String>(topicName, data);
Object recordMetadata = producer.send(producerRecord).get();
```

Scala：

```
val producerRecord = new ProducerRecord[String, String](topicName, data)
val recordMetadata = producer.send(producerRecord)
```

异步消息：

有时，我们会碰到一个场景，不希望立即处理响应，或者我们不关心丢失一些消息，希望在一段时间后处理它们。

Kafka 为我们提供了一个回调接口，它可以帮助处理消息应答，不管错误还是成功。send()可以接受一个实现回调接口的对象。

```
send(ProducerRecord<K, V> record, Callback callback)
```

这个回调接口包含 onCompletion 方法，我们需要重写这个方法。我们看一下下面的例子：

Java 的例子：

```
import org.apache.kafka.clients.producer.Callback;
import org.apache.kafka.clients.producer.RecordMetadata;

public class ProducerCallback implements Callback {
    @Override
    public void onCompletion(RecordMetadata recordMetadata, Exception e) {
        if ( e != null) {
```

```
                // deal with exception here
            } else {
                // deal with RecordMetadata here
            }
        }
    }
```

Scala：

```
import org.apache.kafka.clients.producer.{Callback, RecordMetadata}

class ProducerCallback extends Callback {
  override def onCompletion(recordMetadata: RecordMetadata, e: Exception):
Unit = {
    if (e != null) {
      // deal with exception here
    } else {
      //deal with RecordMetadata here
    }
  }
}
```

一旦实现了 Callback 类，我们就可以简单地在方法中使用它：

```
val callBackObject = producer.send(producerRecord, new ProducerCallback())
```

如果 Kafka 处理消息时抛出了一个异常，我们将不会有一个 null 异常对象。我们还可以在 onCompletion()方法中相应地处理成功和错误消息。

自定义分区

请记住，我们讨论了 key serializer 和 value serializer 以及 Kafka 生产者中使用的分区。到目前为止，我们已经使用了默认的分区器和内置的序列化器。让我们看看如何创建自定义分区。

Kafka 通常根据消息中指定的 key 的 hash 值选择一个分区。如果 key 没有指定或为 null，它将以轮询（round-robin）的方式分配消息。然而，有时你可能想要拥有自己的分区逻辑，这样具有相同分区 key 的记录就可以在 broker 上使用相同的分区。在本章后面，我们将看到一些分区的最佳实践。Kafka 为你提供了实现自己分区的 API。

在大多数情况下，基于 hash 的默认分区可能就足够了，但是对于某些场景，其中一个 key 的数据百分比非常大，我们可能需要为该 key 分配一个单独的分区。这意味着，如果 key K 有 30%的数据，它将被分配给分区 N，因此没有其他的 key 分配给分区 N，并且我们不会耗尽空间，处理速度也不会变慢。如果采用默认分区，那么除了键为 K 的数据外，其他 key 也可能分配给分区 N，那么会导致分区 N 的数据量更多，不利于后续的处理。还可以有其他的用例，在这里你可以编写自定义分区。Kafka 提供了 partitioner 接口，它帮助我们创建自己的分区。

Java 示例：

```
import org.apache.kafka.clients.producer.Partitioner;
import org.apache.kafka.common.Cluster;
import org.apache.kafka.common.PartitionInfo;

import java.util.List;
import java.util.Map;

public class CustomPartition implements Partitioner {

    @Override
    public int partition(String topicName, Object key, byte[] keyBytes,
Object value, byte[] valueByte, Cluster cluster) {

        List<PartitionInfo>                partitions                =
cluster.partitionsForTopic(topicName);
        int numPartitions = partitions.size();

        // Todo: Partition logic here
        return 0;
    }

    @Override
    public void close() {

    }

    @Override
```

```
    public void configure(Map<String, ?> map) {

    }
}
```

Scala 示例：

```
import java.util
import org.apache.kafka.clients.producer.Partitioner
import org.apache.kafka.common.{Cluster, PartitionInfo}

class CustomPartition extends Partitioner {
  override def close(): Unit = {}

  override def partition(topicName: String, key: scala.Any, keyBytes:
Array[Byte], value: scala.Any, valueBytes1: Array[Byte], cluster: Cluster):
Int = {
    val partitions: util.List[PartitionInfo] =
cluster.partitionsForTopic(topicName)
    val numPartitions: Int = partitions.size()

    // TODO: your partition logic here
    0
  }

  override def configure(map: util.Map[String, _]): Unit = {}
}
```

其他生产者配置

对于 Kafka 生产者来说，还有其他可选配置属性，可能在性能、内存、可靠性等方面发挥重要作用：

- buffer.memory：这是生产者可以用来缓冲等待被发送到 Kafka 服务器的消息的内存大小。简单来说，是 Java 生产者可以收集未发送消息的总内存。当达到这个限制时，生产者会在抛出异常之前将消息阻塞 max.block.ms 毫秒。如果你的批处理数据量更多，则需要为生产者缓冲区分配更多的内存。

此外，为了避免记录无限期排队，你可以使用 request.timeout.ms 设置一个超时时间。如果这个超时时间在成功发送消息之前到期，那么它将记录从队列中删除，并抛出一个异常。

- acks：这个配置有助于在考虑到消息被成功提交之前，生产者将接收到 leader broker 的确认。
- acks=0：生产者不会等待服务器的任何确认信号。生产者不知道消息是否在任何时间丢失，也没有由 leader broker 提交。注意，在这种情况下，没有重试，如果发生失败，消息将完全丢失。当你想要获得非常高的吞吐量，以及当你不关心潜在的消息丢失时可以使用此方法。
- acks=1：一旦 leader broker 将消息写入本地日志，生产者就会接收到确认信号。如果 leader broker 未能将消息写入其日志，生产者将根据重试策略重新发送数据并避免消息的潜在丢失。然而，我们仍然会在一个场景中出现消息丢失，在这个场景中，leader broker 向生产者确认，但它宕机之前没有将消息复制到其他 brokers。
- acks=all：当 leader broker 已经接收到所有副本成功的确认信号时，生产者才会收到确认信号。这是一个安全的设置，如果副本数量足以避免此类失败，则不能丢失数据。请记住，这个设置下的吞吐量将小于前两个设置。
- batch.size：这个设置允许生产者根据配置的大小对消息进行批量处理。当批量处理大小达到极限时，将发送批处理中的所有消息。然而，生产者不需要等待批处理全部完成。它在一个特定的时间间隔后发送批处理，而不必担心批处理中消息的数量。较小的批量处理数值比较少用，并且可能降低吞吐量。较大的批量处理数值将会浪费更多内存空间，这样就需要分配特定批量处理数值的内存大小。
- linger.ms：这表示在向 broker 发送当前批处理之前，生产者应该尽可能等待更多的消息。Kafka 生产者等待批处理充满或配置 linger.ms 时间。如果满足任意一个条件，则将批处理发送给 brokers。生产者将等待上面配置的以毫秒为单位的时间，以便将任何其他消息添加到当前批处理中。
- compression.type：默认情况下，生产者向 brokers 发送未压缩的消息。在发送一条消息时，它不会有多大的意义。但是当我们使用批处理时，最好使用压缩来避免网络开销，提高吞吐量。可用的压缩有 GZIP、Snappy 或 LZ4。记住，更多的批处理会带来更好的压缩。
- retries：如果消息发送失败，这个配置项的值表示生产者在抛出异常之前重试发送消息的次数。它不考虑在收到异常后重新追播一条消息。
- max.in.flight.requests.per.connection：这是可以发送给 broker 的消息数量，无须等

待响应。Kafka 生产者可以在一个 connection 中发送多个请求，叫作一个 flight，这样可以减少开销，但是如果产生错误，可能会造成数据的发送顺序改变。如果你不关心消息的顺序，那么设置其值大于 1 将增加吞吐量。然而，如果你将其设置为大于 1 并且尝试机制开启的情况下，则消息的排序可能会发生变化。

- partitioner.class：如果你想要为你的生产者使用自定义分区器，那么这个配置允许你设置 partitioner 类，它实现了 Partitioner 接口。
- timeout.ms：这是一个 leader broker 在向生产者发送错误之前等待其 followers 确认消息的总时间。这个设置只会在 acks=all 时有帮助。

Java 编程语言：Kafka 生产者示例

我们在前面的小节中介绍了不同的配置和 API。这里我们开始编写一个简单的 Java 生产者示例，它将帮助你创建自己的 Kafka 生产者。

先决条件：

- IDE：我们推荐你使用支持 Scala 的 IDE，比如 IDEA、NetBeans 或者 Eclipse。这里选择使用 JetBrains IDEA：
https://www.jetbrains.com/idea/download/
- 构建工具：Maven、Gradle 或者其他工具。我们已经使用 Maven 来构建我们的工程项目。
- pom.xml：添加 Kafka 的依赖到 pom 文件中：

```
<dependencies>
    <dependency>
    <groupId>org.apache.kafka</groupId>
    <artifactId>kafka_2.11</artifactId>
    <version>0.10.1.1</version>
</dependency>
    </dependencies>
```

Java 示例：

```
import org.apache.kafka.clients.producer.KafkaProducer;
import org.apache.kafka.clients.producer.ProducerRecord;
```

```
import org.apache.kafka.clients.producer.RecordMetadata;

import java.util.Properties;
import java.util.concurrent.Future;

public class ProducerDemo {
   public static void main(String[] args) {
      Properties producerProps = new Properties();
      producerProps.put("bootstrap.servers","localhost:9092");

producerProps.put("key.serializer","org.apache.kafka.common.serializatio
n.StringSerializer");

producerProps.put("value.serializer","org.apache.kafka.common.serializat
ion.StringSerializer");
      producerProps.put("acks","all");
      producerProps.put("retries",1);
      producerProps.put("batch.size",20000);
      producerProps.put("linger.ms",1);
      producerProps.put("buffer.memory",24568545);

      KafkaProducer<String, String> producer = new KafkaProducer<String,
String>(producerProps);

      for (int i = 0; i < 2000; i++) {
         ProducerRecord    data    =    new    ProducerRecord<String,
String>("test1","Hello this is record " + i);
         Future<RecordMetadata> recordMetadata = producer.send(data);
      }

      producer.close();


   }
}
```

Scala 示例：

```
import java.util.Properties
import org.apache.kafka.clients.producer.{KafkaProducer, ProducerRecord}
```

```
object ProducerDemo extends App {

  override def main(args: Array[String]): Unit = {
    val producerProps = new Properties()
    producerProps.put("bootstrap.servers", "localhost:9092")
    producerProps.put("key.serializer",
"org.apache.kafka.common.serialization.StringSerializer")
    producerProps.put("value.serializer",
"org.apache.kafka.common.serialization.StringSerializer")
    producerProps.put("client.id", "SampleProducer")
    producerProps.put("acks", "all")
    producerProps.put("retries", new Integer(1))
    producerProps.put("batch.size", new Integer(16384))
    producerProps.put("linger.ms", new Integer(1))
    producerProps.put("buffer.memory", new Integer(133554432))

    val producer = new KafkaProducer[String, String](producerProps)

    for (a <- 1 to 2000) {
      val    record:    ProducerRecord[String,    String]    =    new
ProducerRecord("test2","Hello this is record " + a)
      producer.send(record)
    }

    producer.close()
  }
}
```

前面的示例是一个简单的 Java 程序的生产者，在这里，我们生成了没有 key 的字符串数据。我们还硬编码了 topic 名称，它可能通过配置文件或命令行输入来读取。为了理解生产者，我们一直保持简单。然而，我们将在接下来的章节中看到好的例子，遵循良好的编码实践。

常见的消息发布模式

应用程序可能对生产者有不同的要求，比如生产者不关心它们发送消息的确认信号；或者关心消息发送的确认信号，但是消息的顺序无关紧要。我们有不同的生产者模式，可以用于应用需求。下面我们逐个讨论这些模式。

- Fire-and-forget：在这种模式下，生产者只关心将消息发送到 Kafka 队列。它们真的不等待 Kafka 的任何成功或失败的回应。Kafka 是一个高度可用的系统，而且大多数时候，消息都会成功传递。然而，这种模式存在消息丢失的风险。这种模式非常有用，因为延迟必须最小化到可能的最低级别，而一两个丢失的消息不会影响整个系统功能。要使用 Kafka 的 Fire-and-forget 模式，你必须将生产者的 acks 设置为 0。图 3-2 代表了基于 Kafka 的 Fire-and-forget 模式。

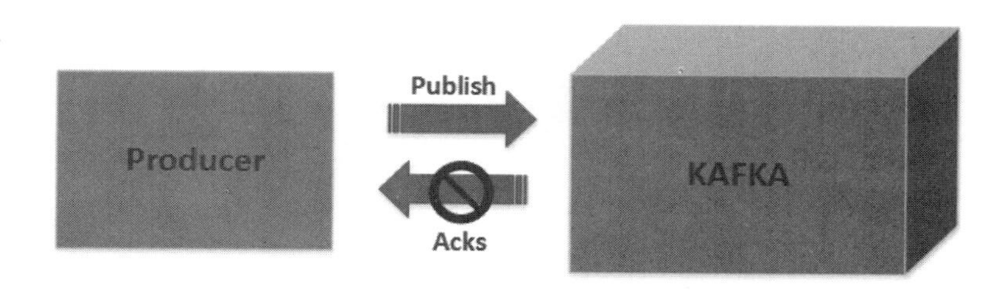

图 3-2　Kafka 生产者的 Fire-and-forget 模式

- One message transfers：在这种模式下，生产者一次发送一条消息。它可以在同步或异步模式下进行。在同步模式下，生产者发送消息，然后在重新尝试消息或抛出异常之前，等待成功或失败的响应。在异步模式下，生产者发送消息并接收作为回调函数的成功或失败响应。图 3-3 显示了这种模式，这种模式被用于高度可靠的系统，保证交付是必须的。在这个模式中，生产者线程等待来自 Kafka 的响应。但是，这并不意味着你不能一次发送多条消息。你可以使用多线程的生产者应用程序实现它。

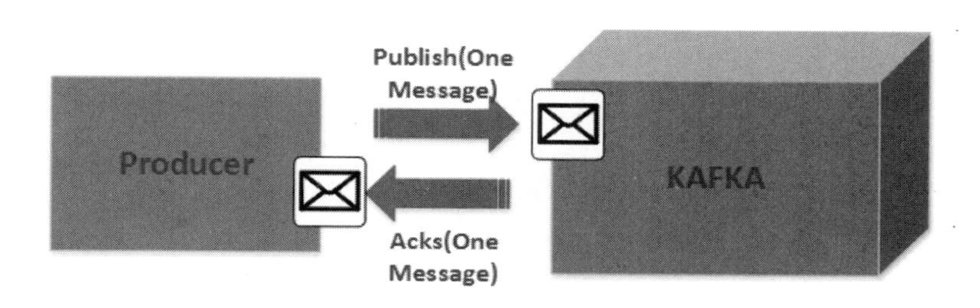

图 3-3　Kafka 生产者的 One message transfer 模式

- Batching：在这种模式下，生产者将多条记录发送到同一分区中。将批处理发送到Kafka之前，批处理的内存总大小和等待时间由生产者配置参数控制。批处理以连续的通过更大的网络包和更大数据集的磁盘操作提高了性能。批处理消除了在磁盘上随机读取和写入的效率问题。一个批处理中的所有数据将以一种连续的方式在磁盘驱动器上写入。图 3-4 显示了批处理消息模式。

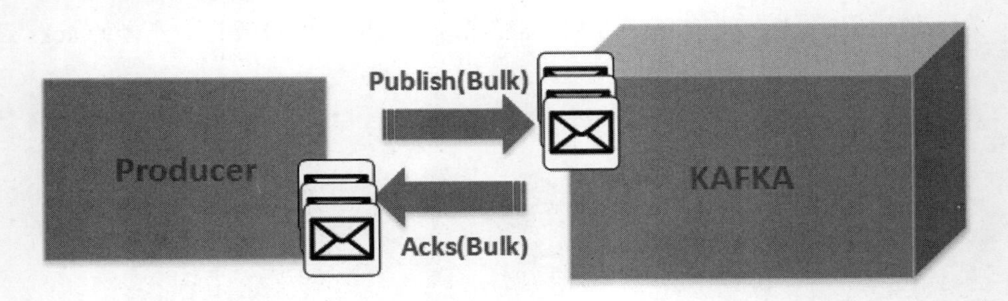

图 3-4　Kafka 生产者的 Batching 消息模式

最佳实践

希望在这个时候，你非常了解 Kafka 的生产者 API、它们的内部工作以及不同的 Kafka topic 发布消息的常见模式。本节将介绍与 Kafka 生产者相关的一些最佳实践。这些最佳实践将帮助你为设计生产者组件做出一些决策。

我们通过一些最常见的最佳实践来设计一个好的生产者应用程序：

- 数据验证（Data validation）：在开发生产者系统时，通常会忘记的一个方面是对将要写入 Kafka 集群的数据进行基本的数据验证测试。一些这样的例子可能符合模式，如 key 字段不是 null 等。如果不进行数据验证，你可能会破坏下游的消费者应用程序，并影响 brokers 的负载均衡，因为数据可能不会被适当地分区。
- 异常处理（Exception handling）：生产者程序的唯一责任是根据异常来决定程序流。在开发生产者应用程序时，你应该定义不同的异常类，根据你的业务需求，决定需要采取的操作。明确地定义异常不仅可以帮助你进行调试，还可以适当地降低风险。例如，如果你正在使用 Kafka 用于关键的应用程序，比如欺诈检测，那么你应该捕获相关的异常，以便将电子邮件警报发送给 OPS 团队，希望立即解决异常。

- 重试次数（Number of retries）：通常，在生产者应用程序中有两种类型的错误。第一种类型是生产者可以重试的错误，比如网络超时和不可用的 leader。第二种类型是需要由前一节中提到的生产者应用程序处理的错误。由于 Kafka 集群错误或网络错误，配置重试次数将帮助你降低与消息丢失相关的风险。
- 自举 URL 次数（Number of bootstrap URLs）：在你的生产者程序的 bootstrap broker 配置中，你应该总是配置多个 broker 列表。这有助于生产者调整失败，因为如果其中一个 broker 不可用，那么生产者就会尝试使用所有的 brokers 列表，直到找到可以连接的 broker 为止。理想的情况是，你应该列出所有在 Kafka 集群中的 brokers，以适应最大的 broker 连接失败。但是如果有非常大的集群，你可以选择一个小的 broker 列表，可以显著地代表集群的 brokers。你应该知道重试的数量会影响到你的端到端延迟，并导致 Kafka 队列中有重复的消息。
- 避免糟糕的分区策略（Avoid poor partitioning mechanism）：在 Kafka 中，分区是并行的一个单位。你应该始终选择适当的分区策略，以确保消息在所有的 topic 分区上均匀分布。糟糕的分区策略可能导致不一致的消息分布，你将无法从 Kafka 集群中获得最佳的并行度。这对于选择在消息中使用 key 的情况非常重要。如果你不使用 key，则生产者将使用默认的 round-robin 机制将消息分发到分区。如果 key 是可用的，那么 Kafka 就会使用 key 的哈希值，并根据计算的哈希码，将消息分配到分区。简而言之，你应该选择你自己的 key，以使你的消息集使用所有合适的分区。
- 临时消息持久化（Temporary persistence of messages）：对于高可靠的系统，应该将通过生产者应用程序的消息持久化。持久化的数据可以在磁盘上，也可以在某种数据库中。持久化帮助你在应用程序失败或者在 Kafka 集群由于一些维护而不可用的情况下重放消息。同样，应该根据企业应用程序的需求来决定。你可以在编写将消息写到 Kafka 集群的生产者应用程序时，建立消息清除技术。这通常与 Kafka 生产者 API 提供的确认特性一起使用。只有在 Kafka 消息集发送成功确认时，你才可以清除消息。
- 避免在现存 topics 中加入新分区（Avoid adding new partitions to existing topics）：在使用基于 key 的分区进行消息分发时，应该避免对现有 topic 添加分区。添加新的分区将更改每个 key 的哈希码，因为它将分区作为输入的数量。对于相同的 key，你将得到不同的分区。

总　结

本章讲述了 Kafka 消息流的一个关键功能。在本章中，重点是了解 Kafka 生产者如何在逻辑层面上工作，以及消息如何从 Kafka 生产者传递到 Kafka 队列。这是在 Kafka 生产者内部的机制部分。在学习如何使用 Kafka API 开发代码之前，这是一个很重要的部分。除非你理解 Kafka 生产者的逻辑工作，否则你将无法对生产者应用程序的技术设计做出合适的处理。

我们讨论了 Kafka 生产者 API 以及它周围的不同组件，比如自定义的分区。我们提供了 Java 和 Scala 示例，因为两种语言都在企业应用程序中大量使用。我们建议你在控制台尝试所有这些例子，并更好地了解 Kafka 生产者的工作方式。对 Kafka 生产者的另一个重要的设计考虑是数据流。在本章中，我们讨论了一些常用的模式。你应该对这些模式有透彻的了解。我们介绍了一些常见的配置参数和性能调优步骤。如果你第一次编写了 Kafka 生产者代码，这些内容肯定会对你有帮助。

最后，我们引入了一些使用 Kafka 生产者的最佳实践。这些最佳实践将帮助你设计可伸缩的设计，并避免一些常见的陷阱。希望在本章末尾，你已经掌握了设计和编码 Kafka 生产者的艺术。在下一章中，我们将介绍 Kafka 消费者的内部结构、消费者 API 以及常见的使用模式。下一章将会让我们很好地理解生产者的消息是如何被不同的消费者消费的，而不考虑消息来自哪个生产者。

第4章 深入研究 Kafka 消费者

每个消息系统都有两种类型的数据流。一种数据流是将数据推送（push）到 Kafka 队列，而另外一种数据流是从那些队列中读取数据。在前一章节中，我们关注的是数据流，这些数据流使用生产者 API 将数据推送到 Kafka 队列。阅读完前一章后，你应该对在生产者应用程序中使用生产者 API 发布数据到 Kafka 队列有充分的认识。在本章节中，我们关注的是第二种类型的数据流：从 Kafka 队列中读取数据。

在我们深入了解 Kafka 的消费者之前，你应该清楚地了解到，从 Kafka 队列中读取数据涉及许多不同概念的理解，它们可能与传统的队列系统的读取数据不同。

对于 Kafka，每个消费者都有一个独特的身份，它们完全控制想从每个 Kafka topics 分区读取数据的方式。每个消费者都有自己的消费偏移量（offset），并在 Zookeeper 中维护（从 Kafka 0.9.0 版本开始，消费者的 offset 则是交给 Kafka 来管理,Kafka 通过创建专用的 topic 管理不同 partition 的 offset)，它们在读取 Kafka topic 的数据时将其设置到下一个位置。

我们将在本章中涵盖下面的主题：

- Kafka 消费者内部机制
- Kafka 消费者 API
- Java Kafka 消费者示例
- Scala Kafka 消费者示例
- 常见的消息消费模式
- 最佳实践

Kafka 消费者内部机制

在本章的这一部分中，我们将介绍不同的 Kafka 消费者概念和从 Kafka 队列中消费消息的各种数据流。如前所述， Kafka 消费消息与其他消息系统稍有不同。当你使用消费者 API 编写消费者应用程序时，大多数细节都是抽象的，大多数内部工作都是由你的应用程序使用的 Kafka 消费者库完成的。

不管你需不需要为大多数消费者的内部工作编写代码，你都应该完全理解这些内部工作。这些概念肯定可以帮助你调试消费者应用程序，也可以帮助你做出正确的应用程序决策选择。

理解 Kafka 消费者的职责

同前一章的 Kafka 生产者一样，我们将首先了解 Kafka 消费者的职责。

我们将了解如下内容：

- 订阅一个 topic：消费者操作从订阅一个 topic 开始。如果消费者是一个消费组的一部分，那么它将被分配该 topic 分区的一个子集。消费者进程最终将从那些被分配的分区中读取数据。你可以将 topic 订阅考虑为从 topic 分区读取数据的注册过程。
- 消费者偏移量位置：与其他队列不同，Kafka 不维护消息偏移量。每个消费者都有责任维护自己的消费者偏移量。消费者的偏移量是由消费者 API 维护的，你不必为此做任何额外的编码。然而，在某些情况下，你可能希望对偏移量有更多的控制，你可以为偏移量提交（offset commits）编写自定义的逻辑来实现。我们将在本章中讨论这些场景。
- 重放/倒回/跳过消息（replay / rewind / skip messages）：Kafka 消费者完全控制开始偏移量来读取来自 topic 分区的消息。使用消费者 API，任何消费者应用程序都可以通过开始偏移量来读取 topic 分区的消息。它们可以选择从开始或从某个指定的整数偏移量读取消息，而不考虑分区的当前偏移量是什么。通过这种方式，消费者可以根据特定的业务场景有能力重放或跳过消息。
- 心跳：消费者的责任是确保它向 Kafka broker（消费组 leader）发送定期的心跳信号，以确认其成员身份和指定分区的所有权。如果在某个时间间隔内，消费组 leader 没有接收到心跳，那么该分区的所有权将被重新分配给消费组中的其他消费者。

■ 偏移量提交（offset commit）：Kafka 不跟踪从消费者应用程序读取的消息的位置或偏移量。跟踪它们的分区偏移量并提交它们是消费者应用程序的职责。这有两个好处：一个是提高了 broker 性能，因为它们不必跟踪每个消费者的偏移量，这给了消费者应用程序在管理它们的偏移量时的灵活性；另一个是它们可以在完成批处理后提交偏移量，或者在大批量的处理过程中提交偏移量，以减少 rebalance 的副作用。

■ 反序列化：Kafka 生产者在把对象发送到 Kafka 之前将其序列化为字节数组。同样，Kafka 消费者把这些 Java 对象反序列化（deserialization）成字节数组。Kafka 消费者使用与生产者应用程序中使用序列化器相同的反序列化器。

现在你已经了解了消费者的职责，接下来可以讨论消费者数据流了。

图 4-1 描述了如何从 Kafka 消费者中获取数据。

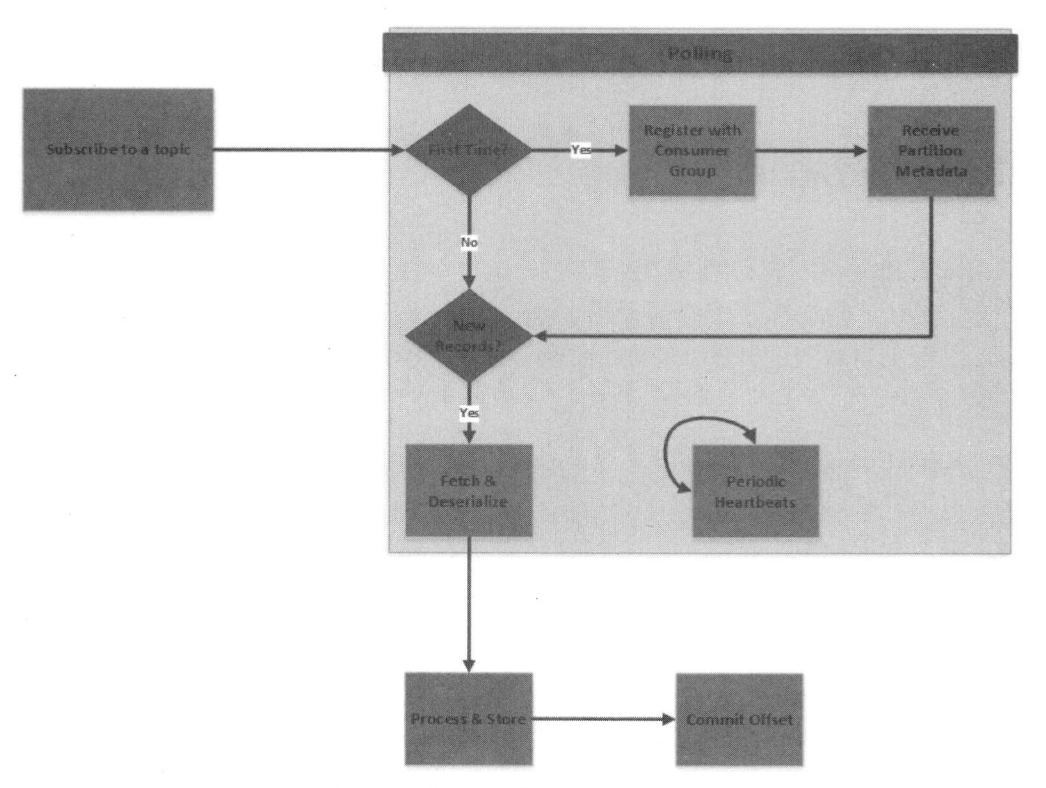

图 4-1　从 Kafka 消费者中获取数据

从 Kafka 中消费任何消息的第一步都是 topic 订阅。消费者应用程序首先订阅一个或多个 topics。之后，消费者应用程序轮询（poll）Kafka 服务器以获取记录。一般来说，这个叫作 poll loop。这个循环负责服务器的协调、记录检索、分区 rebalance，并保持消费者的心跳。

对于第一次读取数据的新消费者，poll loop 首先向各自的消费组注册消费者，并最后接收分区元数据。分区元数据主要包含每个 topic 的分区和 leader 信息。

消费者在接收元数据时，将开始为分配给它们的分区轮询各自的 brokers。如果找到新的记录，则检索并反序列化。它们最终被处理，在执行一些基本验证之后，它们被存储在一些外部的存储系统中。

在极少数情况下，它们在运行时处理并传递给一些外部应用程序。最后，消费者会提交成功的消息的偏移量。poll loop 还定期向 Kafka 服务器发送持续的心跳，以确保它们接收到的消息没有中断。

Kafka 消费者 API

与 Kafka 生产者一样，Kafka 也提供了一组丰富的 API 来开发消费者应用程序。在本章的前几节中，你了解了消费者的内部概念、一个消费组中工作的消费者以及分区 rebalance。我们将看到这部分如何帮助构建一个良好的消费者应用程序。

- 消费者配置
- KafkaConsumer 对象
- 订阅和轮询
- 提交和偏移量
- 其他配置

消费者配置

创建 Kafka 消费者还需要设置一些必需的配置。下面介绍四个基本的配置：

- bootstrap.servers：这个属性类似于我们在第 3 章中定义的生产者配置项。它需要列出 Kafka brokers 的 IP 地址。

- key.deserializer：这与我们在生产者中指定的类似。不同的是，在生产者中，我们指定了可以序列化消息 key 的类。序列化意味着将一个 key 转换为 ByteArray。在消费者中，我们指定可以将 ByteArray 反序列化为特定的 key 类型。请记住，生产者中使用的序列化器应该与这里相同的反序列化类相匹配；否则，你可能会得到一个序列化异常。
- value.deserializer：这个属性用于反序列化消息。我们应该确保反序列化器类与用于生成数据的序列化器类匹配。例如，如果我们使用 StringSerializer 来序列化生成的消息，那么我们应该使用 StringDeserializer 来反序列化消息。
- group.id：该属性不是创建消费者对象所必需的，但建议使用。我们在上一节了解了消费组及其在性能中的重要性。在创建应用程序的同时定义一个消费组，总是有助于管理消费者并在需要时提高性能。

让我们看看在真正的编程世界中如何设置和创建消费者对象。

Java：

```
import org.apache.kafka.clients.consumer.KafkaConsumer;
import java.util.Properties;

public class ConsumerAPI {
    public static void main(String[] args) {
        Properties consumerProps = new Properties();
        consumerProps.put("bootstrap.servers", "192.168.1.101:9092");
        consumerProps.put("group.id", "Demo");
        consumerProps.put("key.deserializer",
"org.apache.kafka.common.serialization.StringDeserializer");
        consumerProps.put("value.deserializer",
"org.apache.kafka.common.serialization.StringDeserializer");
        KafkaConsumer<String, String> consumer = new KafkaConsumer<String,
String>(consumerProps);
    }
}
```

Scala：

```
import java.util.Properties
import org.apache.kafka.clients.consumer.KafkaConsumer
```

```
object ConsumerAPI {
  def main(args: Array[String]): Unit = {
    val consumerProps = new Properties();
    consumerProps.put("bootstrap.servers", "192.168.1.101:9092")
    consumerProps.put("group.id", "consumerGroup1")
    consumerProps.put("key.deserializer",
"org.apache.kafka.common.serialization.StringDeserializer")
    consumerProps.put("value.deserializer",
"org.apache.kafka.common.serialization.StringDeserializer")

    val consumer: KafkaConsumer[String, String] = new KafkaConsumer[String,
String](consumerProps)

  }

}
```

前面的代码包含三个具体的内容：

- Properties 对象：该对象用于初始化消费者属性。前面讨论的必需属性可以设置为 key-value 对，其中 key 为属性的名称，value 为属性的值。
- Deserializer：这也是一种必需的属性，它告诉我们要使用哪个反序列化类将 ByteArray 转换所需要的对象。对于 key 和 value，类可以是不同的，但是它应该与生产者发布消息到 topic 中使用的 serializer 类一致。任何不匹配都会导致序列化异常。
- KafkaConsumer：一旦设置了属性，我们就可以通过将这个属性传递给类来创建一个消费者对象。属性告诉消费者对象关于连接的 brokers IP 地址、该消费者所属的消费组名称、使用的反序列化类以及用于提交的偏移量策略。

订阅和轮询

消费者必须订阅某个 topic 来接收数据。KafkaConsumer 对象有 subscribe()方法，它接收消费者想要订阅的 topic 列表。订阅方法有不同的形式：

我们详细讨论订阅方法的不同特征：

- public void subscribe(Collection<String> topics)：此签名包含消费者希望订阅的 topic

名称列表。它使用默认的 rebalancer，它可能影响消息的数据处理。

```
public void subscribe(Collection<String> topics) {
    subscribe(topics, new NoOpConsumerRebalanceListener());
}
```

■ public void subscribe(Pattern pattern，ConsumerRebalanceListener listener)：这个签名使用正则表达式来匹配 Kafka 中存在的 topics。这个过程是动态的，任何添加一个匹配正则表达式的新 topic 或删除与正则表达式匹配的 topic 都会触发 rebalancer。方法中的第二个参数，ConsumerRebalanceListener，将使用你自己实现此接口的类。我们将详细讨论这个问题。

■

```
public void subscribe(Pattern pattern, ConsumerRebalanceListener listener)
{
    acquire();
    try {
        log.debug("Subscribed to pattern: {}", pattern);
        this.subscriptions.subscribe(pattern, listener);
        this.metadata.needMetadataForAllTopics(true);
    } finally {
        release();
    }
}
```

■ public void subscribe(Collection<String> topics, ConsumerRebalanceListener listener)：这需要一个 topic 列表和你实现的 ConsumerRebalanceListener 接口。

■

```
public void subscribe(Collection<String> topics, ConsumerRebalanceListener
listener) {
    acquire();
    try {
        if (topics.isEmpty()) {
            // treat subscribing to empty topic list as the same as
unsubscribing
            this.unsubscribe();
        } else {
```

```
            log.debug("Subscribed to topic(s): {}", Utils.join(topics, ", "));
            this.subscriptions.subscribe(topics, listener);
            metadata.setTopics(subscriptions.groupSubscription());
        }
    } finally {
        release();
    }
}
```

提交和轮询

轮询从 Kafka topic 获取数据。Kafka 返回尚未被消费者读取的消息。Kafka 怎么知道消费者还没有读取过这些消息呢？

消费者需要告诉 Kafka，它需要来自特定偏移量的数据，因此，消费者需要在某处存储最新读取的消息，以便在消费者失败的情况下从下一个偏移量开始读取数据。

Kafka 提交它成功读取的消息的偏移量。这里有几种不同的方式会导致提交偏移量，每一种方式都有它自己的优点和缺点。我们来看一下这几种可用的不同方法：

- 自动提交（Auto commit）：这个是消费者的默认配置。消费者自动提交在配置的时间间隔内最新读取消息的偏移量。如果我们设置 enable.auto.commit=true 和 auto.commit.interval.ms=1000，然后消费者将每秒钟提交偏移量。这种选择有一定的风险。例如，你将间隔设置为 10 秒，消费者开始消费数据。在第 7 秒时，消费者失败了，会发生什么事情呢？消费者还没有提交读取的偏移量，所以当它再次开始时，它将从上一次提交过的偏移量读取，这将导致重复。
- 当前偏移量提交（Current offset commit）：在大多数情况下，我们可能希望在需要的时候控制提交一个偏移量。Kafka 为你提供了一个 API 来启用这个特性。我们首先需要设置 enable.auto.commit=false，然后使用 commitSync()方法从消费者线程调用一个提交偏移量。这样将提交由轮询返回的最新偏移量。在我们处理所有的 ConsumerRecord 实例后，最好使用这个方法调用，否则，如果消费者在两者之间失败，就有丢失记录的风险。

Java 示例：

```
while(true) {
```

```
    ConsumerRecords<String, String> records = consumer.poll(2);
    for (ConsumerRecord<String, String> record : records) {
        System.out.printf("offset = %d, key = %s, value = %sn",
                record.offset(), record.key(), record.value());
    }

    try {
        consumer.commitSync();
    } catch (CommitFailedException ex) {
        // Logger or code to handle failed commit
    }
}
```

Scala 示例：

```
while(true) {
  val records: ConsumerRecords[String, String] = consumer.poll(2)
  import scala.collection.JavaConversions._
  for (record <- records) {
    println("offset = %d, key = %s, value = %sn", record.offset(),
record.key(), record.value())
  }

  try {
      consumer.commitSync()

    } catch {
      case ex: CommitFailedException => {
        // Logger or code to handle failed commit
      }
    }
}
```

- 异步提交（Asynchronous commit）：同步提交的问题是，除非我们接收到来自 Kafka 服务器的提交偏移量请求的确认，否则消费者将被阻塞。这将降低吞吐量。它可以通过异步进行提交来实现。然而，在异步提交中有一个问题，即在一些情况下，提交偏移量的顺序发生变化时，可能会导致重复的消息处理。例如，消息偏移量 10 在消息偏移量 5 之前提交了，在这种情况下，Kafka 将再次为消费者提供消息 5-10，因为最近的偏移量 10 被 5 所覆盖了。

Java 示例：

```
while (true) {
    ConsumerRecords<String, String> records = consumer.poll(2);
    for (ConsumerRecord<String, String> record : records) {
        System.out.printf("offset = %d, key = %s, value = %sn",
                record.offset(), record.key(), record.value());
    }

    consumer.commitAsync(new OffsetCommitCallback() {
        @Override
        public  void  onComplete(Map<TopicPartition,  OffsetAndMetadata>
offsets, Exception exception) {

        }
    });
}
```

Scala 示例：

```
while (true) {
  val records: ConsumerRecords[String, String] = consumer.poll(2)
  import scala.collection.JavaConversions._
  for (record <- records) {
    println("offset  =  %d,  key  =  %s,  value  =  %sn",  record.offset(),
record.key(), record.value())
  }

  consumer.commitAsync(new OffsetCommitCallback {
    override  def  onComplete(map:  util.Map[TopicPartition,  OffsetAndMetadata],  e:
Exception) = {

    }
  });
```

```
}
```

你已经了解了同步和异步调用。然而，最好的做法是两者兼而有之。在每次 poll 调用后都应该使用异步，而同步应该被用于诸如 rebalancer 触发的行为，以及由于某些条件而关闭消费者等。

Kafka 还提供了一个用于提交指定偏移量的 API。

其他配置

开始时，你已经学习了一些必需的参数。Kafka 消费者有很多属性，在大多数情况下，它们中的一些都不需要做任何修改。有一些参数可以帮助你提高消费者的性能和可用性。

- enable.auto.commit：如果将此参数配置为 true，则消费者将在配置的时间间隔后自动提交消息偏移量。你可以通过 auto.commit.interval.ms 来定义这个时间间隔。然而，最好的方法是将其设置为 false，以便在你想要提交偏移量时控制它。这将帮助你避免重复和丢失任何要处理的数据。
- fetch.min.bytes：这是 Kafka 服务器需要返回的一个获取请求的最小数据量。如果数据小于配置的字节数，服务器将等待足够的数据累积，然后将其发送给消费者。设置大于默认的值，即一个字节，将提高服务器吞吐量，但会减少消费者应用程序的延迟。
- request.timeout.ms：这是消费者在重新发送请求或在达到最大重试次数之前等待响应请求的最大时间。
- auto.offset.reset：当消费者在读取分区数据时发现没有初始的 offset 或者发现 offset 非法时，此属性定义消费者的行为，常见的配置有：
  - latest：这个值如果设置为 latest，则意味着消费者将从消费者开始使用的分区上的最新消息开始读取（可理解为：当各分区下有已提交的 offset 时，从提交的 offset 开始消费；无提交的 offset 时，消费新产生的该分区下的数据）。
  - earliest：这个值如果设置为 earliest，意味着消费者将（开始）从分区开始读取数据，即读取分区中的所有数据。
  - none：这个值如果设置为 none，就意味着会向消费者抛出异常。
- session.timeout.ms：消费者发送一个心跳到消费组 coordinator，告诉它自己是活跃的，并限制触发 rebalancer。消费者必须在配置的时间内发送心跳。例如，如果将超时时间设置为 10 秒，消费者可以在向消费组 coordinator 发送心跳之前等待 10

秒钟；如果它失败了，那么该消费组 coordinator 就会将其视为 dead 并触发 rebalancer。

- max.partition.fetch.bytes：这表示服务器每次从单个分区中拉取消息的最大数据量（默认为 1MB）。消费者对 ConsumerRecord 对象所需要的内存必须大于 numberOfParition*valueSet。这意味着，如果我们有 10 个分区和 1 个消费者，并且 max.partition.fetch.bytes 设置为 2MB，那么消费者对消费记录将需要 10*2=20MB 的内存大小。

请记住，在设置这些参数之前，我们必须知道消费者处理数据需要花费多少时间；否则，消费者将不能发送心跳到消费组，并且 rebalancer 触发器将发生。解决方案可能是增加会话超时时间（session timeout），或者减少分区拉取的数据大小，使消费者能够尽可能快地处理它。

利用 Java 实现 Kafka 消费者

下面的程序是一个简单的 Java 消费者，它从 topic 为 test 中消费数据。请确保数据已经在 test 中可用，否则消费者无法消费到记录。

```
import org.apache.kafka.clients.consumer.*;
import org.apache.kafka.common.TopicPartition;
import org.apache.kafka.common.serialization.StringDeserializer;
import org.apache.log4j.Logger;

import java.util.*;

public class ConsumerDemo {
    private static final Logger log = Logger.getLogger(ConsumerDemo.class);

    public static void main(String[] args) {
        String topic = "topicForTest";
        List<String> topicList = new ArrayList<String>();
        topicList.add(topic);

        Properties consumerProps = new Properties();

        consumerProps.put("bootstrap.servers", "192.168.1.105:9092");
```

```
        consumerProps.put("group.id", "topicForTest");
        consumerProps.put("key.deserializer",
StringDeserializer.class.getName());
        consumerProps.put("value.deserializer",
StringDeserializer.class.getName());
        consumerProps.put("enable.auto.commit", "true");
        consumerProps.put("auto.commit.interval.ms", "1000");
        consumerProps.put("session.timeout.ms", "30000");

        KafkaConsumer<String, String> consumer = new KafkaConsumer<String,
String>(consumerProps);
        consumer.subscribe(topicList);

        log.info("Subscribed to topic" + topic);

        int i = 0;
        try {
            while(true) {
                ConsumerRecords<String, String> records = consumer.poll(500);
                for (ConsumerRecord<String, String> record : records) {
                    log.error("offset = " + record.offset() + "key = " +
record.key() + "value = " + record.value());
                }

                consumer.commitAsync(new OffsetCommitCallback() {
                    public void onComplete(Map<TopicPartition,
OffsetAndMetadata> map, Exception e) {

                    }
                });

            }
        } catch (Exception ex) {

        } finally {
            try {
                consumer.commitSync();
            } finally {
                consumer.close();
            }
```

```
        }

    }
}
```

利用 Scala 实现 Kafka 消费者

这是前一个程序的 Scala 版本，将和前面的代码片段一样工作。Kafka 允许你用很多语言编写消费者，包括 Scala。

```
import java.util._

import org.apache.kafka.clients.consumer._
import org.apache.kafka.common.TopicPartition
import org.apache.log4j.Logger

object ConsumerDemo {
  private val log: Logger = Logger.getLogger(ConsumerDemo.getClass)

  def main(args: Array[String]): Unit = {
    val topic: String = "topicForTest"
    val topicList: List[String] = new ArrayList[String]
    topicList.add(topic)

    val consumerProps: Properties = new Properties()
    consumerProps.put("bootstrap.servers", "192.168.1.105:9092")
    consumerProps.put("group.id", "topicForTest")
    consumerProps.put("key.deserializer",
"org.apache.kafka.common.serialization.StringDeserializer")
    consumerProps.put("value.deserializer",
"org.apache.kafka.common.serialization.StringDeserializer")
    consumerProps.put("enable.auto.commit", "true")
    consumerProps.put("auto.commit.interval.ms", "1000")
    consumerProps.put("session.timeout.ms", "30000")

    val consumer: KafkaConsumer[String, String] = new KafkaConsumer[String,
String](consumerProps)
```

```
    consumer.subscribe(topicList)
    log.info("Subscribed to topic " + topic)

    val i: Int = 0
    try {
      while (true) {
        val records: ConsumerRecords[String, String] = consumer.poll(2)
        import scala.collection.JavaConversions._
        for (record <- records) {
          log.info("offset = " + record.offset() + "key = " + record.key()
+ "value = " + record.value())
          System.out.print(record.value)
        }

        // TODO: Do processing for data here
        consumer.commitAsync(new OffsetCommitCallback {
          override    def    onComplete(map:    Map[TopicPartition,
OffsetAndMetadata], e: Exception) = {

          }
        })
      }
    }
    catch {
      case ex: Exception => {
        // TODO: Log exception here
      }
    } finally {
      try {
        consumer.commitSync()
      } finally {
        consumer.close()
      }
    }

  }
}
```

Rebalance listeners

我们之前讨论过，在消费组中添加或删除消费者时，Kafka 触发了 rebalancer，并且消费者失去了当前分区的所有权。当将分区重新分配给消费者时，这可能导致重复的处理。还有一些其他操作，如数据库连接操作、文件操作或缓存操作，这些操作可能是消费者的一部分；在丢失分区所有权之前，你可能需要处理这个问题。

Kafka 提供给你一个用于处理此类场景的 API。它提供 ConsumerRebalanceListener 接口，其包含 onPartitionsRevoked()和 onPartitionsAssigned()方法。我们可以实现这两个方法，并且在使用前面讨论的 subscribe 方法订阅 topic 时传递一个对象。

```
import org.apache.kafka.clients.consumer.ConsumerRebalanceListener;
import org.apache.kafka.common.TopicPartition;

import java.util.Collection;

public class DemoRebalancer implements ConsumerRebalanceListener {
    public void onPartitionsRevoked(Collection<TopicPartition> partitions)
{
        // TODO: Things to do before your parition got revoked
    }

    public void onPartitionsAssigned(Collection<TopicPartition> partitions)
{
        // TODO: Things to do when new partition get assigned
    }
}
```

常用的消息消费模式

以下是一些常用的消息消费模式：

- Consumer group - continuous data processing（消费组-连续数据处理）：在这种模式下，一旦消费者创建并订阅了一个 topic，它就开始从当前偏移量接收消息。消费者根据一个常规配置的时间间隔内一个批处理收到的消息数来提交最新的偏移量。消费者检查它是否应该提交，如果是，它将提交偏移量。偏移量可以同步或异步地提交。它使用消费者 API 的自动提交功能。

在此模式中要理解的关键点是，消费者并没有控制消息流。它是由一个消费组中的分区的当前偏移量驱动的。它接收来自当前偏移量的消息，并在定期间隔之后提交偏移量和消息。这种模式的主要优点是，你有一个完整的消费者应用程序，运行的代码要少得多，而且这种模式主要依赖于现有的消费者 API，它的 bug 更少。

图 4-2 代表连续数据处理模式。

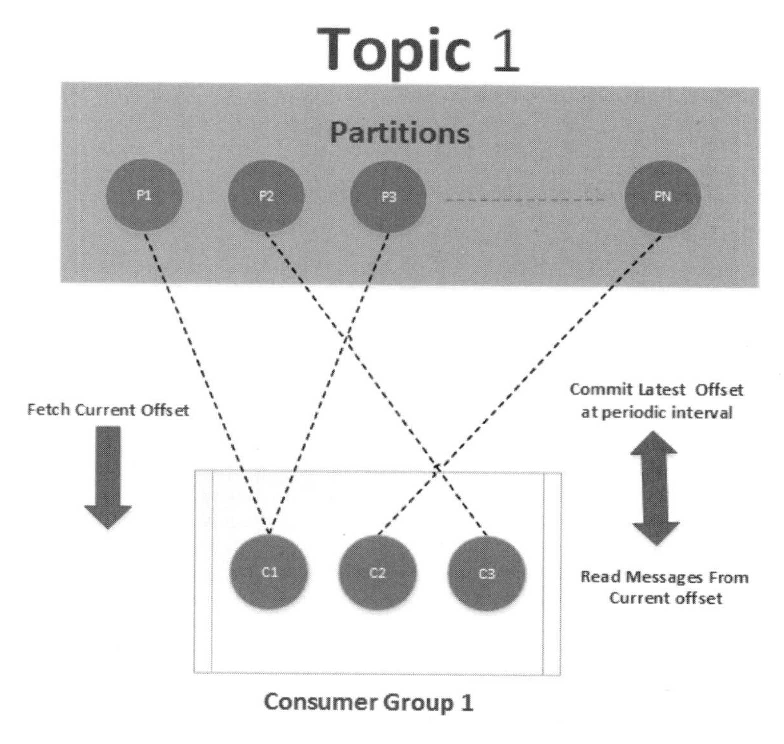

图 4-2　消费组——连续数据处理

- Consumer group - discrete data processing（离散消费组-离散（不连续）数据处理）：有时你想要更多地控制从 Kafka 消费的消息。你想要读取指定偏移量的消息，它可能是或不可能是特定分区的最新当前偏移量。随后，你可能希望提交特定的偏移量，而不是常规的最新偏移量。该模式概述了这种类型的离散数据处理。在这个过程中，消费者根据所提供偏移量获取数据，并根据特定的应用程序需求提交特定的偏移量。

偏移量可以同步或异步提交。消费者 API 允许你调用 commitSync()和 commitAsync()，并且传递你希望提交的分区 map 和偏移量。

这种模式可以以多种方式使用。例如，为了追溯一些消息或跳过一些消息，令人兴奋的用例是偏移量存储在 Kafka 以外的存储系统中。

考虑一下这个常见的场景：

你的应用程序正在从 Kafka（可能是一个网站的用户点击流）中读取事件，处理数据（可能是由机器人进行清理，并添加会话信息），然后将结果存储在数据库、NoSQL 或 Hadoop 中。假设我们真的不想丢失任何数据，也不想在数据库中存储两份相同的结果。图 4-3 显示了离散数据处理模式。

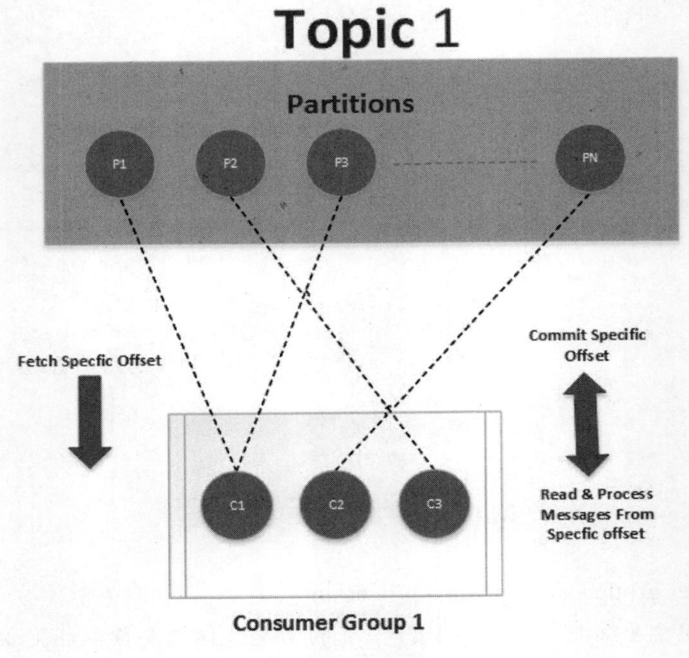

图 4-3　离散数据处理模式

最佳实践

在阅读了这一章之后，需要注意一些最佳实践，具体如下：

- 异常处理：就像生产者一样，消费者程序的唯一责任是决定程序流所期望的异常。消费者应用程序应该定义不同的异常类，并且根据你的业务需求决定需要采取的操作。
- 处理 rebalancer：每当任何新的消费者加入消费组或任何旧的消费者关闭时，就会触发分区 rebalancer。无论何时消费者失去它的分区所有权，它们必须提交从 Kafka 接收到的最后一个事件的偏移量。例如，在丢失分区所有权之前，它们应该处理并提交任何内存缓冲数据集。类似地，它们应该关闭任何打开的文件句柄和数据库连接对象。
- 在正确的时间提交偏移量：如果你选择对消息提交偏移量，你需要在正确的时间进行。一个应用程序处理来自 Kafka 的一批消息，可能需要更多的时间来完成整个批处理；这不是一个经验法则，但如果处理时间超过一分钟，那么尝试定期提交偏移量以避免在应用程序失败时重复数据处理。对于处理重复数据，可能对更关键的应用程序造成巨大开销，如果吞吐量不是一个重要的因素，那么提交偏移量的时间应该尽可能短。
- 自动偏移量提交：选择偏移量自动提交也是一种选择，我们不关心处理重复记录，或者希望消费者自动处理偏移量。例如，自动提交间隔时间为 10 秒，在第 7 秒时消费者失败了。在这种情况下，这 7 秒的偏移量没有提交，下一次消费者从失败中恢复时，它将再次处理这 7 秒的记录。

保持较短的自动提交间隔时间总是能够减少对重复消息的处理。

- 在提交和轮询章节中，对 poll 方法的调用将始终提交上一次 poll 的最后偏移量。在这种情况下，你必须确保之前的 poll 中的所有消息都已经成功处理过，否则如果消费者应用程序失败了，你可能会丢失记录。因此，请确保只有在前面的 poll 调用的所有数据完成后才调用新的 poll。

总　结

这就是关于 Kafka 消费者的部分内容。本章讲述了 Kafka 消息流的一个关键功能。主要的重点是了解消费者的内部工作，以及如何利用相同组和多个 topics 分区数来增加吞吐量和降低延迟时间。我们还讨论了如何使用消费者 API 创建消费者，以及如何在消费者失败时处理消息偏移量。

我们从 Kafka 消费者 API 开始，也涵盖了同步和异步消费者及其优缺点。我们解释了如何增加消费者应用程序吞吐量。然后我们学习了消费者 rebalancer 的概念，何时被触发，以及我们如何创造自己的 rebalancer。我们还关注不同的消费者应用程序中使用的不同的消费模式。我们专注于何时使用它以及如何使用它。

最后，我们希望引入一些使用 Kafka 消费者的最佳实践。这些最佳实践将帮助你设计可伸缩的应用，并避免一些常见的陷阱。希望在本章末尾，你已经掌握了设计和编写 Kafka 消费者的艺术。

在下一章中，我们将介绍 Spark 和 Spark Streaming，然后我们将看到对于实时使用案例，Kafka 如何与 Spark 一起使用，以及如何将 Spark 和 Kafka 集成在一起。

第5章 集成 Kafka 构建 Spark Streaming 应用

我们已经了解了 Apache Kafka 的所有组件和不同 API，这些 API 可以用于开发 Kafka 的应用程序。在前几章中，我们了解了 Kafka 的生产者、broker 和 Kafka 消费者，以及与使用 Kafka 作为消息系统的最佳实践相关的不同概念。

在本章中，我们将介绍 Apache Spark，它是分布式内存处理引擎，然后介绍 Spark Streaming 概念以及如何把 Apache Kafka 与 Spark 集成在一起。

简而言之，我们将讨论以下主题：

- Spark 介绍
- Spark 内部机制，比如 RDD
- Spark Streaming
- Receiver-based 方法（Spark-Kafka 集成）
- Direct 方法（Spark-Kafka 集成）
- 用例（日志处理）

Spark 介绍

Apache Spark 是分布式内存数据处理系统。它在 Java、Scala 和 Python 编程语言方面提供丰富的 API 集。Spark API 可以用来开发批处理和实时数据处理和分析、机器学习，以及在单个集群平台上处理海量数据。

Spark 开发是由伯克利的 AMPLab 团队在 2009 年启动的，用于改进 MapReduce 框架的性能。

2003-2004 年，Google 公布了部分 GFS 和 MapReduce 思想的细节，受此启发的 Doug Cutting 等人用 2 年的业余时间实现了 DFS 和 MapReduce 机制，使得 Nutch 性能飙升。然后 Yahoo 招安 Doug Gutting 及其项目。2005 年，Hadoop 作为 Lucene 的子项目 Nutch 的一部分正式引入 Apache 基金会。2006 年 2 月被分离出来，成为一套完整独立的软件，起名为 Hadoop。其中的 MapReduce 是另一个分布式批处理框架。

他们发现，一个应用程序涉及一个迭代的方法来解决某些确定的问题，可以通过减少磁盘 IO 来临时解决。Spark 允许我们在内存和应用程序中缓存大量的数据，使用迭代的转换方法可以利用缓存的好处来提高性能。然而，迭代方法只是 Spark 提供的一个小示例；当前版本中有很多特性可以帮助你轻松解决复杂的问题。

Spark 架构

与 Hadoop 一样，Spark 也遵循 master/slave 架构，master 进程称为 **Spark drivers**，多个 slave 进程称为 **executors**。Spark 在集群上运行，并使用诸如 YARN、Mesos 或 Spark 独立集群管理的资源管理器。

如图 5-1 所示，让我们看一下 Spark 的每个组件。

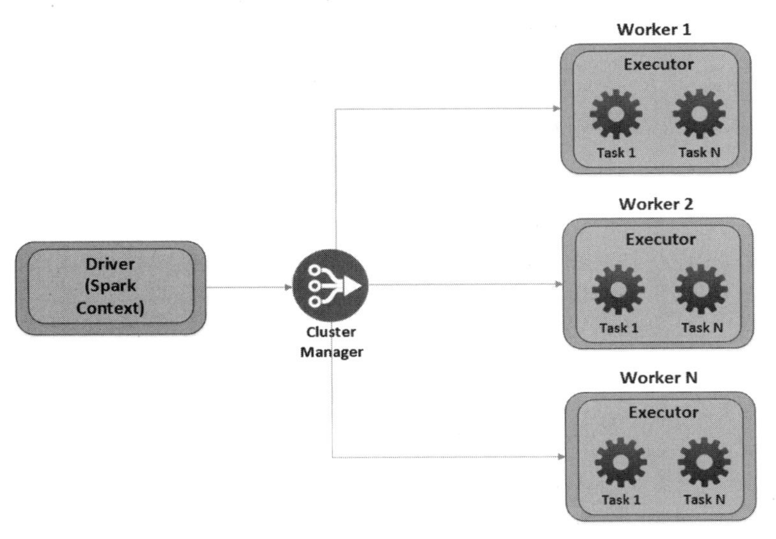

图 5-1　Spark 架构

Spark driver 是 Spark 架构中的 master，是 Spark 应用程序的入口点。Spark driver 负责以下任务：

- Spark Context：Spark Context 在 Spark driver 中创建。Context 对象也负责初始化应用程序的配置。
- DAG 创建：Spark driver 也负责创建基于 RDD 操作的血缘关系，并将其提交给 DAG Scheduler。血缘关系是有向无环图（DAG），此图现在已经提交给 DAG Scheduler。
- Stage 创建：DAG Scheduler 在一个 driver 中基于一个血缘关系图负责创建 tasks 的 Stages。
- Task 调度和执行：一旦 tasks 的 stage 创建后，driver 中的 task scheduler 使用集群管理器调度这个 task 并控制其执行。
- RDD 元数据：Driver 维护 RDD 及其分区的元数据。在分区失败的情况下，Spark 可以很容易地重新计算分区或 RDD。

Spark workers：Spark workers 负责管理其节点上运行的 executor，并且和 master 节点通信。它负责如下内容：

- Backend process：每个 worker 节点包含一个或多个后台进程。每个后台进程负责开始 executor。

- Executors：每个 executor 包含一个线程池，每个线程负责并行地执行 tasks。Executors 负责读取、处理和写数据到一个目标路径或文件。

Spark 架构的内部包括很多内容，但它们超出了本书的范围。这里，我们将给出 Spark 的基本概述。

Spark 的核心

以下是 Spark 重要的核心内容：

Resilient Distributed Dataset（RDD）：RDD 是 Spark 的支柱。RDD 是一个不可变、分布式和容错的对象集合。RDDs 被划分为在不同 woker 机器上计算的逻辑分区。

简而言之，如果你在 Spark 中读取任何文件，那么该文件的数据将组成一个单独的、较大的 RDD。对这个 RDD 的任何过滤操作都会产生一个新的 RDD。记住，RDD 是不可变的。这意味着每当我们修改 RDD 时，就会有一个新的 RDD。这个 RDD 被划分为称为分区（partitions）的逻辑块（logical chunks），这是 Spark 中并行处理的一个单元。每个块（chunks）或分区（partitions）都是在一个独立的分布式机器上处理的。

图 5-2 将使你深刻理解分区的概念。

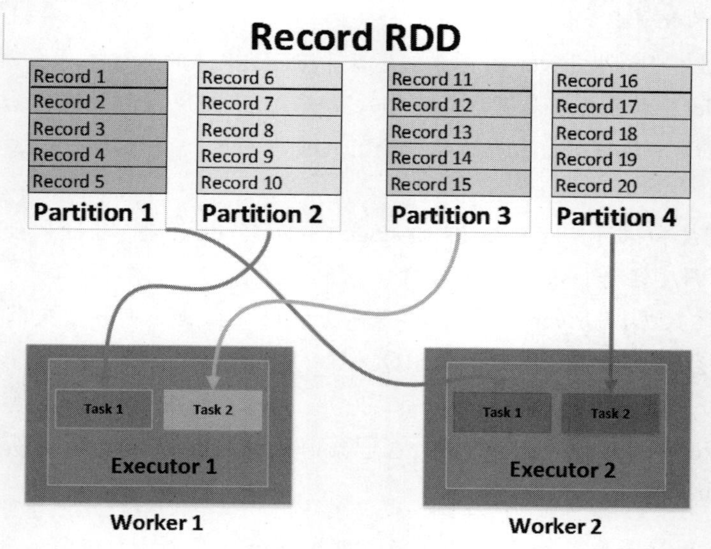

图 5-2　RDD 分区

在 RDD 上有两种类型的操作：

- Transformation：在 RDD 上的 Transformation 产生另一个 RDD。Transformation 意味着应用一些过滤或修改已经存在的 RDD，这将生成另一个 RDD。
- Action：一个 Action 操作负责触发 Spark 执行操作。Spark 延迟评估 RDD，这意味着除非 Spark 遇到一个 Action，否则它不会开始执行。Action 将结果存储在文件中，转储结果到控制台等。

有向无环图（DAG）：正如之前讨论的，RDD 可以被转换，这将生成一个新的 RDD，这个过程可能会变得太深，直到我们对它执行一些 Action。每当遇到 Action 时，Spark 创建一个 DAG，然后将其提交给调度程序。让我们来看看 Spark 中一个单词统计的例子：

```
val inputFile = "/data/input/sample_libsvm_data.txt"
val outputFile = "/data/output"

val conf = new SparkConf().setAppName("WordCount").setMaster("local")
val sc = new SparkContext(conf)
val input = sc.textFile(inputFile)
val words = input.flatMap(line => line.split(" "))
val word_counts = words.map(word => (word,1)).reduceByKey{case (x,y) => x
+ y}

//word_counts.collect().foreach(println)
word_counts.saveAsTextFile(outputFile)
```

一旦 DAG 提交后，DAG 调度器基于操作创建 tasks 的 stages。Task 调度器在集群管理器中建立这个 task，接着 worker 节点执行它。

Spark 生态系统

如前所述，Spark 可以用于各种目的，如实时处理、机器学习、图处理等。Spark 由不同的独立组件组成，可以根据用例来使用哪一种。图 5-3 给出了 Spark 生态系统的一个简要介绍。

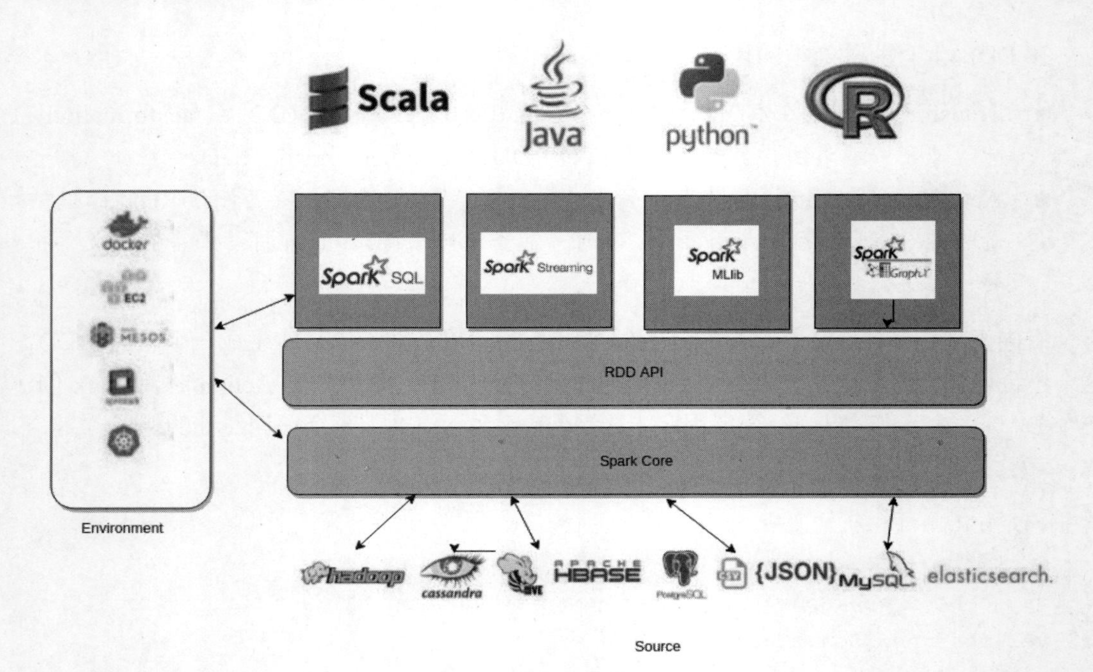

图 5-3 Spark 生态系统

- Spark Core：Spark Core 是 Spark 生态系统的基础和通用层。它包含基本和公共的功能，可以被所有层使用。这意味着 Core 的任何性能改进都会自动应用于它前面的所有组件。RDD 是 Spark 的主要抽象，也是 Core 层的一部分。它还包含可以用来操作 RDD 的 API。

其他常见的功能组件，比如任务调度程序、内存管理、容错和存储交互层也是 Spark Core 的一部分。

- Spark Streaming：Spark Streaming 可用于处理实时流数据。我们将讨论 Spark 与 Kafka 集成时使用 Spark Streaming。Spark Streaming 不是实时的，但它在处理微批量数据时几乎是实时的。
- Spark SQL：Spark SQL 提供了可以用来在结构化 RDD（比如 JSONRDD 和 CSVRDD）上运行 SQL 的 API。
- Spark MLlib：MLlib 用于创建可伸缩的机器学习解决方案。它提供了一套丰富的机器学习算法，如回归、分类、聚类和过滤等。

- Spark GraphX：GraphX 在图形处理用例中扮演重要的角色，例如为复杂的社交网络构建推荐引擎。它提供了丰富高效的算法及其 API，可用于处理图形。

Spark Streaming

Spark Streaming 建立在 Spark Core 引擎之上，可以用于开发一个快速、可伸缩、高吞吐量和容错的实时系统。流数据可以来自任何源头，如生产日志、点击流数据、Kafka、Kinesis、Flume 和很多其他数据服务系统。

Spark Streaming 提供了一个 API 来接收这些数据，并将复杂的算法应用在这些数据上，以获取这些数据的商业价值。最后，可以将处理过的数据放入任何的存储系统中。我们将在本节讨论更多关于 Spark Streaming 和 Kafka 集成的内容。

基本上，我们有两种方法将 Kafka 和 Spark 集成，我们将详细讨论每一种方法：

- Receiver-based approach
- Direct approach

Receiver-based 是更老的集成方法。与 Receiver-based 的方法相比，Direct API 提供了很多优势。

Receiver-based 集成

Spark 使用 Kafka 高级消费者 API 来实现 Receiver。这是一种古老的方法，从 Kafka topic 分区接收的数据存储在 Spark executors，并通过流 jobs 处理。然而，Spark Receiver 在所有 executors 中复制消息，这样如果一个 executor 失败，另一个 executor 应该能够提供复制的数据进行处理。这样，Spark Receiver 就可以对数据进行容错。

图 5-4 示意了 Receiver-based approach。

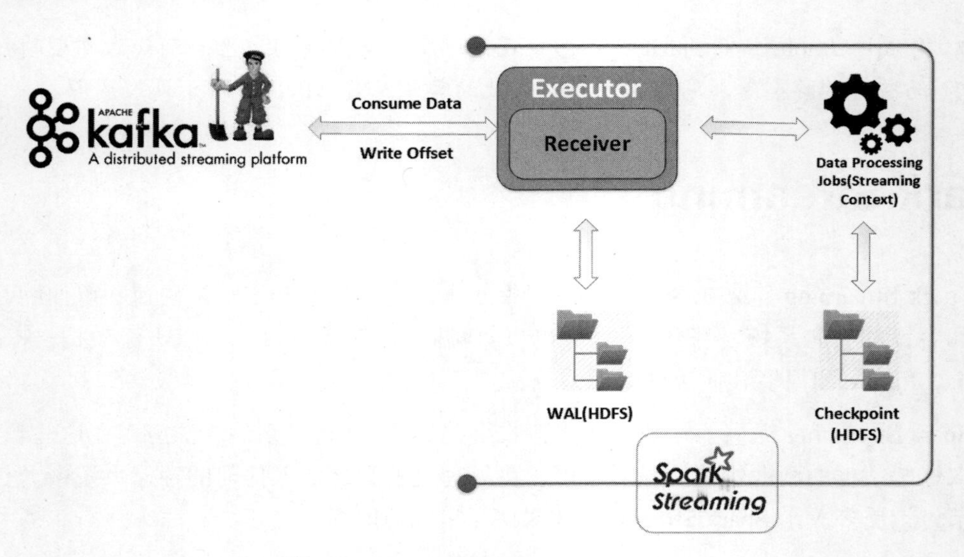

图 5-4　Spark Receiver-based approach

当消息被成功地复制到 executors 时，Spark Receiver 只会通知 broker，否则它不会将消息的偏移量提交给 Zookeeper，消息将被视为未读的。这似乎可以操作有保证的处理过程，但仍然不适合有一些案例。

如果 Spark Driver 失败，会发生什么？当 Spark Driver 失败时，它也会杀死所有的 executors，这会导致 executors 上丢失可用的数据。如果 Spark Receiver 已经发送了对这些消息的确认信号，并成功地将偏移量提交到 Zookeeper 中，该怎么办？你丢失了这些记录，因为你不知道有多少消息已经处理过，有多少还没有处理。

为了避免此类问题，我们可以使用一些技术。下面我们将一起讨论具体的技术。

- write-ahead log（WAL）：我们讨论过当 Driver 失败时数据丢失的场景，为了避免数据丢失，Spark 在 1.2 版本中引入了 write-ahead log，它允许你将缓冲数据保存到存储系统中，比如 HDFS 或 S3。一旦 Driver 恢复并且 executors 启动了，它就可以简单地读取来自 WAL 的数据并处理它。
  然而，我们需要在执行 Spark Streaming 应用程序时显式地开启 write-ahead log，并写入在 WAL 中可用的处理数据的逻辑。
- exactly-one 处理：WAL 可以保证你没有数据丢失，但是可能会通过 Spark 作业对数据重复处理。WAL 并不能保证 exactly-one 的处理，换句话说，它不能避免重复数据的处理。

让我们看一个场景。Spark 从 Kafka 存储中读取数据到 executor 缓冲区，为了容错将其复制到另一个 executor。一旦复制完成后，就把同样的消息写入到 write-ahead log，然后把确认信号发送回失败了的 Kafka driver。当 driver 从失败中恢复时，它将首先处理在 WAL 中可用的数据，然后开始从 Kafka 中消费消息，这时 Kafka 也会重放所有没有被 Spark driver 确认但是已经写入 WAL 的消息，这样就会导致重复数据的处理。

- checkpoint：Spark 还提供了一种在流应用程序中设置 checkpoint 的方法。checkpoint 存储已经执行过、仍然在队列中执行，以及应用程序配置等信息。

开启 checkpoint 有助于提供应用程序重要的元数据信息，当 driver 从失败中恢复时，可以知道它需要处理什么，以及处理数据需要什么。checkpoint 数据再次存储到持久系统中，比如 HDFS。

Receiver-based approach 的缺点

以下是基于 Receiver-based approach 的一些缺点：

- 吞吐量：启用 write-ahead log 和 checkpoint 可能会降低系统的吞吐量，因为在向 HDFS 写入数据时可能会消耗时间。当有大量磁盘 IO 时，很明显会降低吞吐量。
- 存储：我们将一组数据存储在 Spark executor 缓冲区中，并在 HDFS 的 write-ahead log 中存储另一组相同的数据。根据应用程序的要求，我们使用两套存储组件来存储相同的数据，根据应用需要，存储需求可能会有所不同。
- 数据丢失：如果不启用 write-ahead log，就有可能丢失数据。对于一些重要的应用程序来说，这可能是非常关键的。

Receiver-based 集成的 Java 示例

```
import org.apache.spark.SparkConf;
import org.apache.spark.api.java.function.FlatMapFunction;
import org.apache.spark.api.java.function.Function;
import org.apache.spark.api.java.function.Function2;
import org.apache.spark.api.java.function.PairFunction;
import org.apache.spark.streaming.Duration;
import org.apache.spark.streaming.api.java.JavaDStream;
```

```
import org.apache.spark.streaming.api.java.JavaPairDStream;
import org.apache.spark.streaming.api.java.JavaPairReceiverInputDStream;
import org.apache.spark.streaming.api.java.JavaStreamingContext;
import org.apache.spark.streaming.kafka.KafkaUtils;
import scala.Tuple2;

import java.util.Arrays;
import java.util.HashMap;
import java.util.Iterator;
import java.util.Map;
import java.util.regex.Pattern;

public class KafkaWordCount {
    private static final Pattern WORD_DELIMETER = Pattern.compile(" ");

    public static void main(String[] args) throws InterruptedException {
        String zkQuorum = "192.168.1.102:2181";
        String groupName = "stream";
        int numThreads = 3;
        String topicsName = "test11";
        SparkConf sparkConf = new
SparkConf().setAppName("WordCountKafkaStream").setMaster("local[2]");

        JavaStreamingContext javaStreamingContext = new
JavaStreamingContext(sparkConf, new Duration(20000));

        Map<String, Integer> topicToBeUsedBySpark = new HashMap<String,
Integer>();
        String[] topics = topicsName.split(",");

        for (String topic : topics) {
            topicToBeUsedBySpark.put(topic, numThreads);
        }

        JavaPairReceiverInputDStream<String, String> streamMessages =
KafkaUtils.createStream(javaStreamingContext,
                zkQuorum,groupName,topicToBeUsedBySpark);

        JavaDStream<String> lines = streamMessages.map(new
Function<Tuple2<String, String>, String>() {
```

```
            public String call(Tuple2<String, String> tuple2) throws
Exception {
                return tuple2._2();
            }
        });

        JavaDStream<String> words =lines.flatMap(new FlatMapFunction<String,
String>() {
            public Iterator<String> call(String s) throws Exception {
                return Arrays.asList(WORD_DELIMETER.split(s)).iterator();
            }
        });

        JavaPairDStream<String, Integer> wordCounts = words.mapToPair(new
PairFunction<String, String, Integer>() {
            public Tuple2<String, Integer> call(String s) throws Exception {
                return new Tuple2<String, Integer>(s,1);
            }
        }).reduceByKey(new Function2<Integer, Integer, Integer>() {
            public Integer call(Integer i1, Integer i2) throws Exception {
                return i1 + i2;
            }
        });

        wordCounts.print();
        javaStreamingContext.start();
        javaStreamingContext.awaitTermination();

    }
}
```

Receiver-based 集成的 Scala 示例

```
import org.apache.spark.SparkConf
import org.apache.spark.streaming.kafka.KafkaUtils
import org.apache.spark.streaming.{Minutes, Seconds, StreamingContext}

object KafkaWordCount {
  def main(args: Array[String]): Unit = {
    val zkQuorum: String = "192.168.1.102:2181"
```

```
    val group: String = "stream"
    val numThreads: String = "3"
    val topics: String = "test11"

    val SparkConf = new
SparkConf().setAppName("KafkaWordCount").setMaster("local[2]")
    val ssc = new StreamingContext(SparkConf,Seconds(2))
    ssc.checkpoint("WALCheckpoint")
    val topicMap = topics.split(",").map((_, numThreads.toInt)).toMap

    val lines = KafkaUtils.createStream(ssc, zkQuorum, group,
topicMap).map(_._2)
    val words = lines.flatMap(_.split(" "))
    val wordCounts = words.map(x => (x,1L)).reduceByKeyAndWindow(_+_, _-_,
Minutes(10), Seconds(2), 2)

    wordCounts.print()

    ssc.start()
    ssc.awaitTermination()

  }
}
```

Direct approach

在 receiver-based approach 中，我们看到了数据丢失的问题，使用 write-ahead logs 导致低的吞吐量，以及在数据处理方面实现 exactly-one 语义的困难。为了避免所有这些问题，Spark 引入了与 Kafka 集成的 direct stream approach。

Spark 定期查询来自 Kafka 的一个偏移量区间的消息，这个区间的偏移量称为 batch。Spark 使用一个低级消费者 API，并直接从 Kafka 获取指定区间的偏移量消息。并行度是由 Kafka 的一个分区定义的，Spark direct approach 利用了分区的优势。

图 5-5 提供了关于并行度的一些细节。

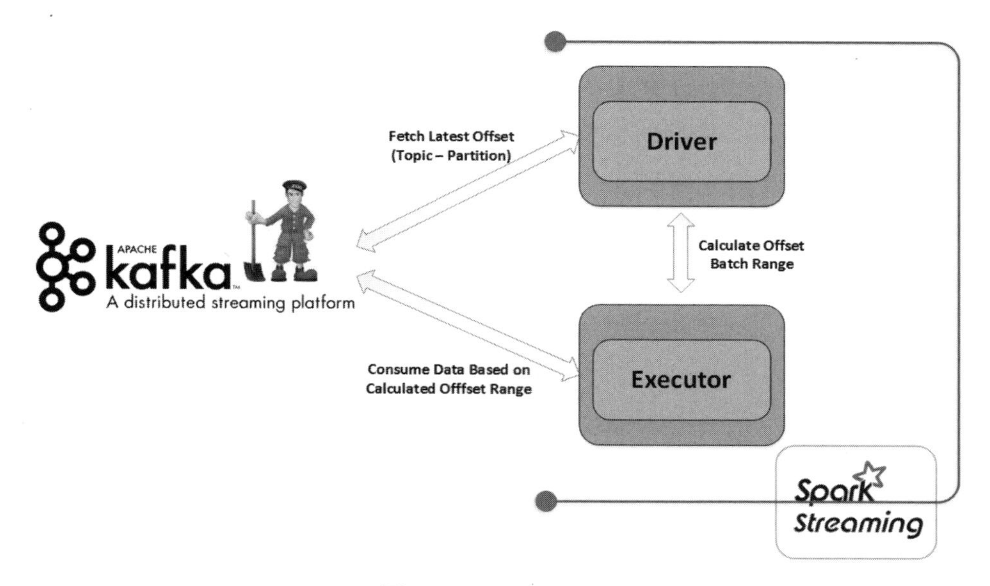

图 5-5　Direct approach

我们来看看 direct approach 的一些特点：

- 并行度和吞吐量：RDD 中的分区数量是由一个 Kafka topic 中的分区数定义的。这些 RDD 分区并行地从 Kafka topic 分区中读取消息。简而言之，Spark Streaming 创建的 RDD 分区与 Kafka 分区的数量相等，可以并行地消费数据以提高吞吐量。
- 没有使用 write-ahead log：Direct approach 不适用 write-ahead log 来避免数据丢失。在少数情况下，write-ahead log 会导致额外的存储和可能导致重复数据处理。Direct approach 是直接从 Kafka 读取数据，并将处理过的消息的偏移量提交到检查点。如果失败了，Spark 知道从哪里重新开始。
- 没有 Zookeeper：默认情况下，Direct approach 不适用 Zookeeper 来提交被 Spark 消费过的偏移量。Spark 使用 checkpoint（检查点）机制处理数据丢失，并从失败的最后一个执行点（execution point）开始执行。但是，基于 Zookeeper 的偏移量提交可以使用 Curator Client 完成。

Curator（http://curator.apache.org）是 Netflix 公司开源的一个 Zookeeper 客户端，与 Zookeeper 提供的原生客户端相比，Curator 的抽象层次更高，简化了 Zookeeper 客户端的开发量。

- exactly-one 处理：Direct approach 提供了实现 exactly-one 处理的机会，这意味着没有数据会处理两次，并且没有数据丢失。这是通过 Spark Streaming 应用程序维护的 checkpoint 来完成的，它告诉 Spark Streaming 应用程序在失败的情况下从哪里开始。

Direct approach 的 Java 示例

```
import kafka.serializer.StringDecoder;
import org.apache.spark.SparkConf;
import org.apache.spark.streaming.Durations;
import org.apache.spark.streaming.api.java.JavaDStream;
import org.apache.spark.streaming.api.java.JavaPairDStream;
import org.apache.spark.streaming.api.java.JavaPairInputDStream;
import org.apache.spark.streaming.api.java.JavaStreamingContext;
import org.apache.spark.streaming.kafka.KafkaUtils;
import scala.Tuple2;

import java.util.*;
import java.util.regex.Pattern;

public class JavaDirectKafkaWordCount {
    private static final Pattern SPACE = Pattern.compile(" ");

    public static void main(String[] args) throws InterruptedException {
        String brokers = "192.168.1.102:9092";
        String topics = "test11";

        SparkConf sparkConf = new
SparkConf().setAppName("DirectKafkaWordCount").setMaster("local");
        JavaStreamingContext javaStreamingContext = new
JavaStreamingContext(sparkConf, Durations.seconds(2));

        Set<String> topicsSet = new
HashSet<String>(Arrays.asList(topics.split(",")));

        Map<String, String> kafkaConfiguration = new HashMap<String,
String>();
        kafkaConfiguration.put("metadata.broker.list", brokers);
```

```
        JavaPairInputDStream<String, String> messages =
KafkaUtils.createDirectStream(
                javaStreamingContext,
                String.class,
                String.class,
                StringDecoder.class,
                StringDecoder.class,
                kafkaConfiguration,
                topicsSet
        );

        JavaDStream<String> lines = messages.map(Tuple2::_2);
        JavaDStream<String> words = lines.flatMap(x ->
Arrays.asList(SPACE.split(x)).iterator());

        JavaPairDStream<String, Integer> wordCounts = words.mapToPair(s ->
        new Tuple2<String, Integer>(s,1)).reduceByKey((i1,i2) -> i1 + i2);

        wordCounts.print();

        javaStreamingContext.start();
        javaStreamingContext.awaitTermination();
    }
}
```

Direct approach 的 Scala 示例

```
import kafka.serializer.StringDecoder
import org.apache.spark.SparkConf
import org.apache.spark.streaming.kafka.KafkaUtils
import org.apache.spark.streaming.{Seconds, StreamingContext}

object DirectKafkaWordCount {
  def main(args: Array[String]): Unit = {
    val brokers: String = "192.168.1.102:9092"
    val topics: String = "test11"

    val SparkConf = new
SparkConf().setAppName("DirectKafkaWordCount").setMaster("local")
    val ssc = new StreamingContext(SparkConf, Seconds(2))
```

```
    val topicsSet = topics.split(",").toSet
    val kafkaParams = Map[String, String]("metadata.broker.list" -> brokers)

    val messages = KafkaUtils.createDirectStream[String, String,
StringDecoder, StringDecoder](
      ssc, kafkaParams, topicsSet
    )

    val lines = messages.map(_._2)
    val words = lines.flatMap(_.split(" "))
    val wordCounts = words.map(x => (x,1L)).reduceByKey(_ + _)

    wordCounts.print()

    ssc.start()
    ssc.awaitTermination()
  }

}
```

日志处理用例 —— 欺诈 IP 检测

本节将介绍一些小的用例，它使用 Kafka 和 Spark Streaming 来检测欺诈 IP，以及 IP 尝试攻击服务器的次数。我们将在以下内容中讨论用例：

- 生产者：我们将使用 Kafka 生产者 API，它读取日志文件并将记录发布到 Kafka topic 中。然而，在实际情况下，我们可能会使用 Flume 或生产者应用程序，它在实时基础上直接获取日志文件记录，并将其发布到 Kafka topic。
- 欺诈 IP 列表：我们将保留一个预定义的欺诈 IP 列表范围，该列表用来识别欺诈 IP。我们在内存 IP 列表中使用的这个应用程序可以被快速查找的 key 代替，例如 HBase。
- Spark Streaming：Spark Streaming 应用程序将从 Kafka topic 中读取记录，以及检测可疑的 IP 和域。

Maven

Maven 是一个构建和项目管理的工具，我们将使用 Maven 构建这个项目。这里推荐使用 Eclipse 或者 IntelliJ IDEA 创建工程项目。在你的 pom.xml 文件中添加如下依赖和插件：

```
<?xml version="1.0" encoding="UTF-8"?>
<project xmlns="http://maven.apache.org/POM/4.0.0"
        xmlns:xsi="http://www.w3.org/2001/XMLSchema-instance"
        xsi:schemaLocation="http://maven.apache.org/POM/4.0.0
http://maven.apache.org/xsd/maven-4.0.0.xsd">
    <modelVersion>4.0.0</modelVersion>

    <groupId>com.packt</groupId>
    <artifactId>ip-fraud-detetion</artifactId>
    <version>1.0-SNAPSHOT</version>
    <packaging>jar</packaging>

    <name>kafka-producer</name>

    <properties>

<project.build.sourceEncoding>UTF-8</project.build.sourceEncoding>
    </properties>


    <dependencies>
        <!--
https://mvnrepository.com/artifact/org.apache.spark/spark-streaming-kafk
a_2.10 -->
        <dependency>
            <groupId>org.apache.spark</groupId>
            <artifactId>spark-streaming-kafka_2.10</artifactId>
            <version>1.6.3</version>
        </dependency>


        <!--
https://mvnrepository.com/artifact/org.apache.hadoop/hadoop-common -->
        <dependency>
            <groupId>org.apache.hadoop</groupId>
```

```
            <artifactId>hadoop-common</artifactId>
            <version>2.7.2</version>
        </dependency>

        <!--
https://mvnrepository.com/artifact/org.apache.spark/spark-core_2.10 -->
        <dependency>
            <groupId>org.apache.spark</groupId>
            <artifactId>spark-core_2.10</artifactId>
            <version>2.0.0</version>
            <scope>provided</scope>

        </dependency>
        <!--
https://mvnrepository.com/artifact/org.apache.spark/spark-streaming_2.10
-->
        <dependency>
            <groupId>org.apache.spark</groupId>
            <artifactId>spark-streaming_2.10</artifactId>
            <version>2.0.0</version>
            <scope>provided</scope>

        </dependency>


        <dependency>
            <groupId>org.apache.kafka</groupId>
            <artifactId>kafka_2.11</artifactId>
            <version>0.10.0.0</version>
        </dependency>
    </dependencies>

    <build>
        <plugins>
            <plugin>
                <groupId>org.apache.maven.plugins</groupId>
                <artifactId>maven-shade-plugin</artifactId>
                <version>2.4.2</version>
                <executions>
                    <execution>
```

```
                        <phase>package</phase>
                        <goals>
                            <goal>shade</goal>
                        </goals>
                        <configuration>
                            <filters>
                                <filter>
                                    <artifact>junit:junit</artifact>
                                    <includes>
                                        <include>junit/framework/**</include>
                                        <include>org/junit/**</include>
                                    </includes>
                                    <excludes>

<exclude>org/junit/experimental/**</exclude>

<exclude>org/junit/runners/**</exclude>
                                    </excludes>
                                </filter>
                                <filter>
                                    <artifact>*:*</artifact>
                                    <excludes>
                                        <exclude>META-INF/*.SF</exclude>
                                        <exclude>META-INF/*.DSA</exclude>
                                        <exclude>META-INF/*.RSA</exclude>
                                    </excludes>
                                </filter>
                            </filters>
                            <transformers>
                                <transformer

implementation="org.apache.maven.plugins.shade.resource.ServicesResource
Transformer"/>

                                <transformer

implementation="org.apache.maven.plugins.shade.resource.ManifestResource
Transformer">

<mainClass>com.packt.streaming.FraudDetectionApp</mainClass>
```

```
                        </transformer>
                    </transformers>
                </configuration>
            </execution>
        </executions>
    </plugin>
    <plugin>
        <groupId>org.codehaus.mojo</groupId>
        <artifactId>exec-maven-plugin</artifactId>
        <version>1.2.1</version>
        <executions>
            <execution>
                <goals>
                    <goal>exec</goal>
                </goals>
            </execution>
        </executions>
        <configuration>

<includeProjectDependencies>true</includeProjectDependencies>

<includePluginDependencies>false</includePluginDependencies>
            <executable>java</executable>
            <classpathScope>compile</classpathScope>

<mainClass>com.packt.streaming.FraudDetectionApp</mainClass>
        </configuration>
    </plugin>

    <plugin>
        <groupId>org.apache.maven.plugins</groupId>
        <artifactId>maven-compiler-plugin</artifactId>
        <configuration>
            <source>1.8</source>
            <target>1.8</target>
        </configuration>
    </plugin>
  </plugins>
 </build>
</project>
```

生产者

你可能使用 IntelliJ 或 Eclipse 构建一个生产者应用程序。这个生产者从一个 Apache 项目读取一个日志文件，日志文件包含如下的详细记录：

```
64.242.88.10 - - [08/Mar/2004:07:54:30 -0800] "GET
/twiki/bin/edit/Main/Unknown_local_ recipient _reject_code?
topicparent=Main.ConfigurationVariables HTTP/1.1" 401 12846
```

你只需要在测试文件中有一个记录，而生产者将通过随机的 IP 生成记录，并替换现有的记录。因此，我们将有数百万个有不同 IP 地址的记录。

记录列由空格分隔符分隔，我们将在生产者中更改为逗号。第一列表示 IP 地址或域名，它被用于检测请求是否来自欺诈客户端。以下是 Java 实现的 Kafka 生产者。

Reader 属性

我们更喜欢使用属性文件来表示一些重要的值，比如 topic、Kafka broker URL 等。如果你想从属性文件中读取更多的值，就可以在代码中随意更改它。

streaming.properties 文件：

```
topic=ipTest2
broker.list=10.214.128.31:9092
appname=IpFraud
group.id=Stream
```

下面是一个 reader 属性的示例：

```
import java.io.FileNotFoundException;
import java.io.IOException;
import java.io.InputStream;
import java.util.Properties;

public class PropertyReader {
    private Properties prop = null;

    public PropertyReader() {
```

```
        InputStream is = null;
        try {
            this.prop = new Properties();
            is =
this.getClass().getResourceAsStream("/streaming.properties");
            prop.load(is);
        } catch (FileNotFoundException e) {
            e.printStackTrace();
        } catch (IOException e) {
            e.printStackTrace();
        }
    }

    public String getPropertyValue(String key) {
        return this.getPropertyValue(key);
    }
}
```

生产者代码

一个生产者应用程序被设计成一个实时的日志生成器，生产者每三秒钟运行一次，并使用随机的 IP 地址产生一个新记录。你可以在 IP_LOG.log 日志文件中添加一些记录，然后生产者将从这些记录中产生数以百万计的唯一记录。

我们还开启了自动创建 topic 的功能，因此你无须在运行生产者应用程序之前创建 topic。

你可以在之前提到的 streaming.properties 文件中修改 topic 名称：

```
import com.packt.reader.PropertyReader;
import org.apache.kafka.clients.producer.KafkaProducer;
import org.apache.kafka.clients.producer.ProducerRecord;
import org.apache.kafka.clients.producer.RecordMetadata;

import java.io.BufferedReader;
import java.io.IOException;
import java.io.InputStreamReader;
import java.util.*;
import java.util.concurrent.Future;
```

```
public class IPLogProducer extends TimerTask {
    static String path = "";
    public BufferedReader readFile() {
        BufferedReader bufferedReader = new BufferedReader(
                new
InputStreamReader(this.getClass().getResourceAsStream("/IP_LOG.log")));
        return bufferedReader;
    }

    public static void main(String[] args) {
        Timer timer = new Timer();
        timer.schedule(new IPLogProducer(), 3000, 3000);
    }

    private String getNewRecordWithRandomIP(String line) {
        Random r = new Random();
        String ip = r.nextInt(256) + "." + r.nextInt(256) + "." +
                r.nextInt(25) + "." + r.nextInt(256);
        String[] columns = line.split(" ");
        columns[0] = ip;
        return Arrays.toString(columns);

    }

    @Override
    public void run() {
        PropertyReader propertyReader = new PropertyReader();
        Properties producerProps = new Properties();
        producerProps.put("bootstrap.servers",
propertyReader.getPropertyValue("broker.list"));
        producerProps.put("key.serializer",
"org.apache.kafka.common.serialization.StringSerializer");
        producerProps.put("value.serializer",
"org.apache.kafka.common.serialization.StringSerializer");
        producerProps.put("auto.create.topics.enable", "true");

        KafkaProducer<String, String> ipProducer = new KafkaProducer<String,
String>(producerProps);

        BufferedReader br = readFile();
```

```
        String oldLine = "";
        try {
            while ((oldLine = br.readLine()) != null) {
                String line =
getNewRecordWithRandomIP(oldLine).replace("[","").replace("]","");
                ProducerRecord ipData = new ProducerRecord<String,
String>(propertyReader.getPropertyValue("topic"), line);

                Future<RecordMetadata> recordMetadata =
ipProducer.send(ipData);
            }
        } catch (IOException e) {
            e.printStackTrace();
        }

        ipProducer.close();

    }
}
```

欺诈 IP 查找

下面的类将帮助我们作为查找服务，它将帮助我们识别请求是否来自欺诈 IP。在实现类之前，我们已经使用了接口，这样我们就可以添加更多的 NoSQL 数据库或任何快速查找服务。你可以通过使用 HBase 或任何其他的快速关键的查找服务来实现此服务并添加查找服务。我们正在使用内存查找，并在缓存中添加了欺骗 IP 地址范围。将以下代码添加到你的项目中：

```
public interface IIPScanner {
    boolean isFraudIP(String ipAddresses);
}
```

CacheIPLookup 是 IIPScanner 接口的实现类，它将在内存中查找：

```
import java.io.Serializable;
import java.util.HashSet;
import java.util.Set;
```

```
public class CacheIPLookup implements IIPScanner, Serializable{

    private Set<String> fraudIPList = new HashSet<String>();

    public CacheIPLookup() {
        fraudIPList.add("212");
        fraudIPList.add("163");
        fraudIPList.add("15");
        fraudIPList.add("224");
        fraudIPList.add("126");
        fraudIPList.add("92");
        fraudIPList.add("91");
        fraudIPList.add("10");
        fraudIPList.add("112");
        fraudIPList.add("194");
        fraudIPList.add("198");
        fraudIPList.add("11");
        fraudIPList.add("12");
        fraudIPList.add("13");
        fraudIPList.add("14");
        fraudIPList.add("15");
        fraudIPList.add("16");
    }

    @Override
    public boolean isFraudIP(String ipAddresses) {
        return fraudIPList.contains(ipAddresses);
    }
}
```

暴露 Hive 表

我们将在基目录上创建 Hive 表，流记录将被推送到 HDFS 上面。这将帮助我们跟踪随着时间而产生的欺诈记录的数量：

```
hive> create database pipeapple;
hive> create external table pipeapple.teststream(iprecords STRING) location
'/user/pipeapple/streaming/fraudips';
```

你还可以将 Hive 表放在传入数据的顶部，这些数据被推送到 Kafka topic，以跟踪从总体记录中发现的欺诈 IP 的百分比。再次创建表，并在流应用程序中加入如下代码：

```
ipRecords.dstream().saveAsTextFiles("hdfs://localhost:8020/user/pipeappl
e/streaming/fraudips","")
```

同样，在 Hive 中创建下面的表：

```
create  external  table  pipeapple.iprecords(iprecords  STRING)  location
'/user/pipeapple/streaming/fraudips';
```

请记住，我们也可以使用 SqlContext 将数据推送到 Hive 中，但是我们使用的这种用例更加简单。

Streaming 代码

我们在代码中没有过多关注模块化。IP 欺诈检测应用程序扫描每个记录，并基于欺诈 IP 查找服务过滤那些符合欺诈的记录。查找服务可以更改为使用任何快速查找数据库。下面的代码为这个应用程序使用的内存查找服务：

```
import com.packt.reader.PropertyReader;
import kafka.serializer.StringDecoder;
import org.apache.spark.SparkConf;
import org.apache.spark.api.java.function.Function;
import org.apache.spark.streaming.Durations;
import org.apache.spark.streaming.api.java.JavaDStream;
import org.apache.spark.streaming.api.java.JavaPairInputDStream;
import org.apache.spark.streaming.api.java.JavaStreamingContext;
import org.apache.spark.streaming.kafka.KafkaUtils;
import scala.Tuple2;

import java.util.*;
import java.util.regex.Pattern;

public class FraudDetectionApp {
    private static final Pattern SPACE = Pattern.compile(" ");
```

```
    public static void main(String[] args) throws InterruptedException {
        // kafka properties
        PropertyReader propertyReader = new PropertyReader();

        // judge fraud ips
        CacheIPLookup cacheIPLookup = new CacheIPLookup();

        SparkConf sparkConf = new SparkConf().setAppName("IP_FFAUD");
        JavaStreamingContext        javaStreamingContext        =        new
JavaStreamingContext(sparkConf, Durations.seconds(3));

        Set<String>               topicsSet               =               new
HashSet<>(Arrays.asList(propertyReader.getPropertyValue("topic").split("
,")));
        Map<String, String> kafkaConfiguration = new HashMap<>();

kafkaConfiguration.put("metadata.broker.list",propertyReader.getProperty
Value("broker.list"));
        kafkaConfiguration.put("group.id",
propertyReader.getPropertyValue("group.id"));

        JavaPairInputDStream<String,       String>       messages       =
KafkaUtils.createDirectStream(
                javaStreamingContext,
                String.class,
                String.class,
                StringDecoder.class,
                StringDecoder.class,
                kafkaConfiguration,
                topicsSet
        );

        JavaDStream<String> ipRecords = messages.map(Tuple2::_2);
```

```
        JavaDStream<String> fraudIPs = ipRecords.filter(new Function<String,
    Boolean>() {
            @Override
            public Boolean call(String s) throws Exception {
                String IP = s.split(",")[0];
                String[] ranges = IP.split("\\.");
                String range = null;

                try {
                    range = ranges[0];
                } catch (ArrayIndexOutOfBoundsException ex) {
                    ex.printStackTrace();
                }

                return cacheIPLookup.isFraudIP(range);
            }
        });


    fraudIPs.dstream().saveAsTextFiles("hdfs://localhost:8020/user/pipeapple
    /streaming/fraudips","");

        javaStreamingContext.start();
        javaStreamingContext.awaitTermination();



    }
}
```

使用下面的命令执行应用程序：

```
spark-submit --class com.pipeapple.streaming.FraudDetectionApp --master
yarn ip-fraud-detection-1.0-SNAPSHOT.jar
```

一旦 Spark Streaming 应用程序启动，就运行 Kafka 生产者并检查各自 Hive 表中的记录。

总　结

在本章中，我们了解了 Apache Spark、它的体系结构和 Spark 生态系统。我们关注的是将 Kafka 与 Spark 集成起来的不同方式，以及它们的优点和缺点。我们还介绍了 receiver-based approach 和 direct approach 的 API。最后，我们介绍了一个通过日志文件和查找服务来检测 IP 欺诈的小用例。现在你可以创建自己的 Spark Streaming 应用程序。在下一章中，我们将介绍另一个实时流应用程序 Apache Heron（Apache Storm 的继承者）。我们将介绍 Apache Heron 与 Apache Spark 的不同之处，以及何时使用它们。

第6章 集成 Kafka 构建 Storm 应用

在上一章中，我们了解了 Apache Spark，它是一种可以处理微批（micro batches）数据的准实时处理引擎。但是，当涉及到非常低延迟的应用程序时，延迟几秒可能就会造成大麻烦，Spark 可能并不适合。你需要一个能够每秒处理数百万条记录的框架，并且你希望逐条处理记录，而不是批处理，以降低延迟。在本章中，我们将学习实时处理引擎 Apache Storm。Storm 最初是由 Twitter 设计和开发的，后来成为一个开源的 Apache 项目。

在本章中，我们将学习：

- Apache Storm 介绍
- Apache Storm 架构
- Apache Heron 简要概述
- Apache Kafka（Java/Scala 示例）集成 Apache Storm
- 使用案例（日志处理）

Apache Storm 介绍

Apache Storm 用于处理非常敏感的应用程序，即使延迟 1 秒也意味着巨大的损失。有很多公司使用 Storm 进行欺诈检测，建立推荐引擎，触发可疑活动等等。Storm 是无状态的，它使用 Zookeeper 进行协调，在 Zookeeper 中维护着重要的元数据信息。

Apache Storm 是一种分布式的实时处理框架，它能够处理单个事件，每秒处理的记录数百万。流数据可以是有界的，也可以是无界的；在这两种情况下，Storm 都有能力可靠地处理。

Storm 集群架构

Storm 架构如图 6-1 所示。

Storm 也遵循 master-slave 架构模式，在这种模式下，Nimbus 是 master，Supervisors 是 slaves：

- Nimbus：Storm 集群的 master 节点。集群中的所有其他节点都被称为工作节点。Nimbus 在工作节点之间分布数据，并将任务分配给工作节点。Nimbus 还监控工作节点的失败，如果一个工作节点失败了，它会重新分配一个任务给其他工作节点。
- Supervisors：Supervisors 负责完成 Nimbus 分配的任务，并发送可用的资源信息。每个工作节点只有一个 supervisor，每个工作节点有一个或多个工作进程，而且每个 supervisor 管理多个工作进程。

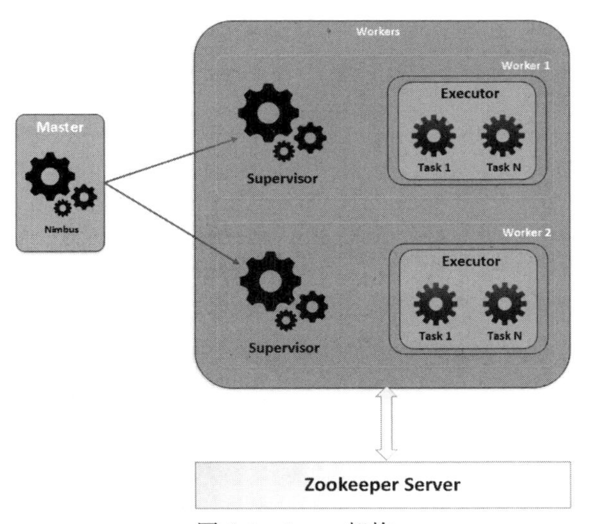

图 6-1　Storm 架构

请记住我们说过，Storm 是无状态的；Nimbus 和 Supervisor 都将其状态保存在 Zookeeper 中。每当 Nimbus 收到一个 Storm 应用程序执行请求时，它就会请求 Zookeeper 获取可用的资源，然后将任务调度到可用的 supervisor 上。它还保存执行进度中的元数据到 Zookeeper 中，所以在失败的情况下，如果 Nimbus 重新启动，它也知道从哪里重新开始。

Storm 应用程序的概念

Apache Storm 应用程序包括三个组件：

- Spout：Spout 用于从外部源系统读取数据流，并将其传递给 topology 进一步处理。Spout 可以是可靠的，也可以是不可靠的。
- 可靠的 spout：可靠的 spout 能够重放数据，以防止在处理过程中失败。在这种情况下，spout 等待每个已发射事件的确认信号，然后进一步处理。请注意，这可能会花费更多的时间处理，但是对于那些我们无法丢失单一记录的应用程序来说是非常有用的，例如 ATM 欺诈检测应用程序。
- 不可靠的 spout：不可靠的 spout 不关心在发生故障时重新发射 spout。当丢失 100~200 条记录时不会造成任何损失的情况下，这很有用。
- Bolt：记录处理是在 bolts 完成的。数据流由 spout 发射，被 Storm bolt 接收，然后经过处理后，记录通过 bolt 可以存储在数据库、文件或任何存储系统。
- Topology：Topology 是一个应用程序的整个流程，其中，spout 和 bolt 绑定在一起，以实现应用程序目标。我们在一个程序中创建一个 Storm topology，然后提交给 Storm 集群。与任何批处理作业不同，Storm topology 永远运行。如果你想要停止一个 Storm topology，你需要单独处理它或强行杀死它。

这里有一张详细的图（见图 6-2），可以帮助你更好地理解不同类型的 spouts。

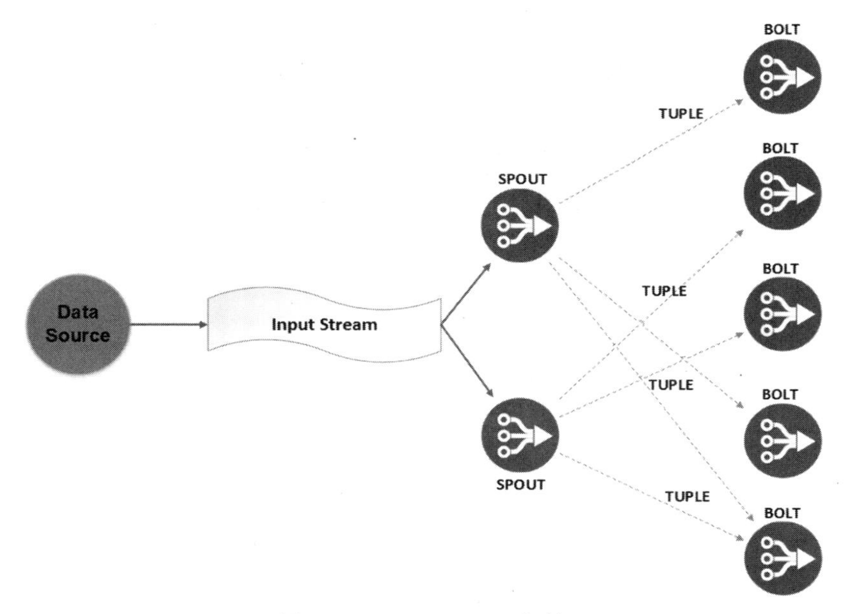

图 6-2　Storm topology 架构

关于 Storm 内部的详细阐述超出了本书的范围。你可以在 http://storm.apache.org 上查阅 Apache Storm 文档。我们的重点将是如何利用 Apache Kafka 和 Apache Storm 构建实时处理应用程序。

Apache Heron 介绍

Apache Heron 是 Apache Storm 的继承者，向后兼容。Apache Heron 在吞吐量、延迟和处理能力上比 Apache Storm 更加强大。因为 Twitter 上的用例开始增加，他们感到需要有新的流处理引擎，因为 Storm 有下面的瓶颈：

- 调试：由于代码错误、硬件故障等原因，Twitter 在调试过程中遇到了挑战。由于不清楚地将计算逻辑单元映射到物理处理，根本原因很难被检测出。
- 需求规模：Storm 需要专用的集群资源，它需要单独的硬件资源来运行 Storm topology。这就限制 Storm 对集群资源的有效使用，并限制其按需进行扩展。这也限制了它在不同的处理引擎之间共享集群资源的能力，而不仅仅是 Storm。

- 集群可管理性：运行新的 Storm topology 需要手动隔离机器。另外杀掉 topology 需要对分配给该 topology 的机器进行退役。考虑在生产环境中这样做，它将会使你在基础设施成本、可管理性成本和用户生产力方面花费更多。

> Apache Heron 是 Apache Storm 的继承者，具有向后兼容性。Apache Heron 在吞吐量、延迟和处理能力方面比 Apache Storm 提供更强大的功能。

参考这些限制因素，Twitter 决定构建一个新的流处理引擎，它可以克服这些限制，并且有效地运行老的 Storm 生产环境的 topology。

Heron 架构

Heron 开始就兼容 Storm。Heron 还运行 topology，所有的 topology 都提交给调度程序，此调度程序称为 Aurora scheduler。Aurora 调度程序在多个 containers 上运行每个拓扑作为 Aurora 作业。每个作业由 Topology 架构 章节中讨论的多个 topology 进程组成。

这里有一张图（见图 6-3）可以帮你更好地理解。

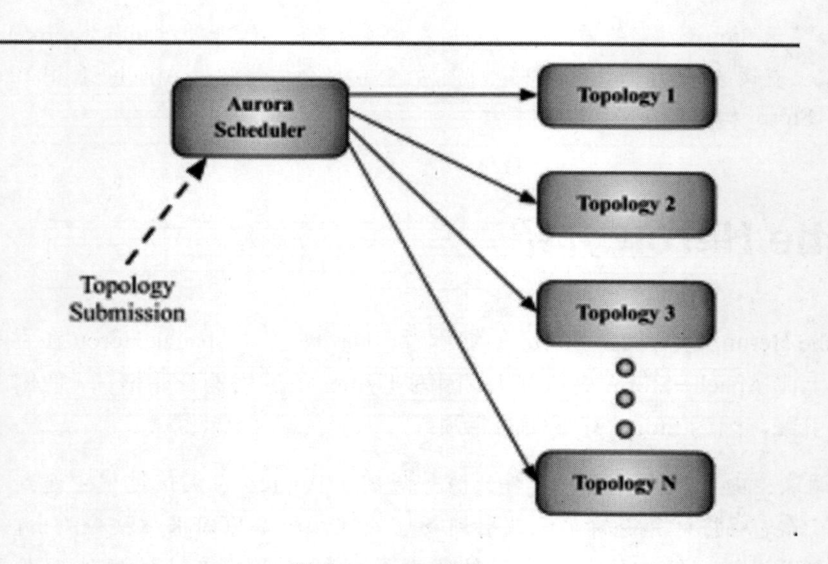

图 6-3　Heron 架构

Heron topology 架构

Heron topology 类似于 Storm topology，由 spout 和 bolt 组成，其中 spout 负责读取源数据，bolt 负责实际的处理过程。

以下部分将深入讨论核心组件 Heron topology：

- Topology Master
- Container
- Stream Manager
- Heron Instance
- Metrics Manager
- Heron Tracker

Heron topology 架构如图 6-4 所示。

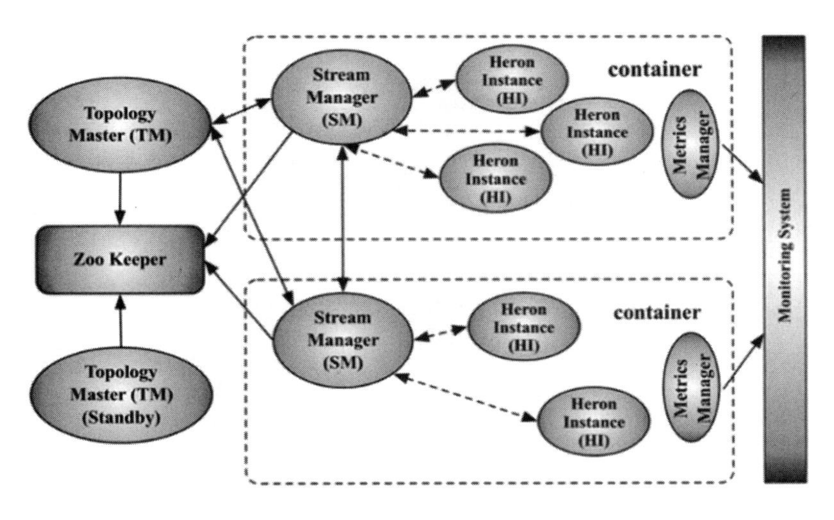

图 6-4　Heron topology 架构

这些概念解释如下：

- Topology Master：类似于 Yarn 中的 Application Master，Heron 也会创建多个 container，并在第一个 container 上创建一个 Topology Master（TM），它管理 topology 的生命周期。Topology Master 还在 Zookeeper 中创建了一个条目，这样它可以很容易被发现，并且没有其他 Topology Master 存在相同的 topology。
- Containers（容器）：容器的概念与 Yarn 中的类似，即一台机器可以在自己的 JVM

上运行多个容器。每个容器都有单个流管理器（Stream Manager，SM）、单个度量管理器（Metric Manager）和多个 Heron 实例（Heron Instance，HI）。每个容器与 TM 通信以确保 topology 的正确性。

- Stream Manager（流管理器）：根据这个名字本身就可以表明其功能，它管理 topology 中流的路由。所有的 Stream Manager 都相互连接，以确保有效地处理 back-pressure。如果发现任何的 bolt 处理流的速度非常慢，它会管理向 bolt 提供的数据，并切断对该 bolt 输入数据。
- Heron instance（Heron 实例）：一个容器中的每个 Heron 实例都连接到 Stream Manager，它们负责运行 topology 的 spout 和 bolt。它有助于使调试过程非常容易，因为每个 Heron 实例都是一个 JVM 进程。
- Metric Manager（度量管理器）：正如前面所讨论的，每个容器包含一个 Metric Manager。Stream Manager 和所有的 Hero 实例向 Metric Manager 报告它们的度量指标，然后将这些指标发送到监控系统。这使得 topology 的监控变得简单，并节省了大量的精力和开发时间。

集成 Apache Kafka 与 Apache Storm - Java

如前所述，我们现在已经熟悉了 Storm topology 的概念，现在将研究如何把 Apache Storm 与 Apache Kafka 集成在一起。Apache Kafka 在生产应用程序中广泛地与 Apache Storm 一起使用。我们研究一下用于集成的的不同 API：

- KafkaSpout：Storm 中的 Spout 负责从源系统中消费数据，并将其传递给 bolts 进行进一步处理。KafkaSpout 是专门为从 Kafka 中消费数据而设计的，然后将其传递给 bolts 进行进一步处理。KafkaSpout 接受 SpoutConfig，它包含关于 Zookeeper、Kafka brokers 和 topics 的连接信息。

看下面的代码：

```
// 配置 Zookeeper 地址
BrokerHosts hosts = new ZkHosts("10.214.128.34:2181,10.214.128.35:2181");
String inputTopic = "iplog";
String zkRootDir = "zkkafkaspout";
String consumerGroup = "kafkaspout";

// 配置 Kafka 订阅的 Topic，以及 Zookeeper 中数据节点目录和名字
SpoutConfig spoutConfig = new SpoutConfig(hosts, inputTopic, "/" + zkRootDir,
```

```
consumerGroup);
spoutConfig.scheme = new SchemeAsMultiScheme(new StringScheme());

// 第一次启动，从开头读取，之后的重启均是从 offset 中读取。
// 旧版本是 forceFromStart
// spoutConfig.forceFromStart = false;
spoutConfig.ignoreZkOffsets = false;

// read from the end of the topic
spoutConfig.startOffsetTime = kafka.api.OffsetRequest.LatestTime();
```

- Spout 充当了 Kafka 消费者的角色，因此需要管理记录的偏移量。Spout 使用 Zookeeper 来存储偏移量，SpoutConfig 的最后两个参数表示 Zookeeper 根目录路径和这个特殊 spout 的 ID。该偏移量将按如下方式存储，其中 0、1 是分区号：

```
zkRootDir/consumerID/0
zkRootDir/consumerID/1
zkRootDir/consumerID/2
```

- SchemeAsMultiScheme：它指出了从 Kafka 中使用的 ByteBuffer 如何被转换成一个 Storm 元组。我们使用了 StringScheme 实现，它可以将 bytebuffer 转换为字符串。

现在配置信息被传递给 KafkaSpout，spout 被设置为 topology。

```
KafkaSpout kafkaSpout = new KafkaSpout(spoutConfig);
```

下面我们使用那个著名的 wordcount 示例，运行我们的 Storm topology。

示　例

我们将以著名的 wordcount 为例来说明与 Kafka 的集成，在这里 KafkaSpout 将从 Kafka topic 读取输入数据，并将由 split bolt 和 count bolt 处理。让我们从 topology 类开始。

Topology Class： spouts 和 bolts 的流连接形成了一个 topology 结构。在下面的代码中，我们有 TopologyBuilder 类，它允许我们设置连接流：

```
TopologyBuilder topologyBuilder = new TopologyBuilder();
topologyBuilder.setSpout("kafkaspout", new KafkaSpout(kafkaSpoutConfig));
topologyBuilder.setBolt("stringsplit",                               new
```

```
StringToWordsSpliterBolt()).shuffleGrouping("kafkaspout");
topologyBuilder.setBolt("counter",                                    new
WordCountCalculatorBolt()).shuffleGrouping("stringsplit");
```

在前面的代码中，我们可以看到，spout 被设置为 KafkaSpout，然后将 kafkaspout 传递一个输入给 string split bolt，并将 splitbolt 传递给 wordcount bolt。这样，就会创建端到端 topology 管道。

```
import org.apache.storm.Config;
import org.apache.storm.LocalCluster;
import org.apache.storm.StormSubmitter;
import org.apache.storm.generated.AlreadyAliveException;
import org.apache.storm.generated.AuthorizationException;
import org.apache.storm.generated.InvalidTopologyException;
import org.apache.storm.kafka.*;
import org.apache.storm.spout.SchemeAsMultiScheme;
import org.apache.storm.topology.TopologyBuilder;

public class KafkaStormWordCountTopology {
    public static void main(String[] args) throws InvalidTopologyException,
AuthorizationException, AlreadyAliveException {
        String zkConnString = "localhost:2181";
        String topic = "words";
        BrokerHosts hosts = new ZkHosts(zkConnString);

        SpoutConfig kafkaSpoutConfig = new SpoutConfig(hosts, topic, "/" +
topic,
                "wordcountID");
        kafkaSpoutConfig.startOffsetTime =
kafka.api.OffsetRequest.EarliestTime();
        kafkaSpoutConfig.scheme = new SchemeAsMultiScheme(new
StringScheme());

        TopologyBuilder topologyBuilder = new TopologyBuilder();
        topologyBuilder.setSpout("kafkaspout", new
KafkaSpout(kafkaSpoutConfig));
        topologyBuilder.setBolt("stringsplit", new
StringToWordsSpliterBolt()).shuffleGrouping("kafkaspout");
        topologyBuilder.setBolt("counter", new
WordCountCalculatorBolt()).shuffleGrouping("stringsplit");
```

```
        Config config = new Config();
        config.setDebug(true);
        if (args != null && args.length > 1) {
            config.setNumWorkers(3);
            StormSubmitter.submitTopology(args[1], config,
topologyBuilder.createTopology());
        } else {
            // Cap the maximum number of executors that can be spawned
            // for a component to 3
            config.setMaxTaskParallelism(3);
            // LocalCluster is used to run locally
            LocalCluster cluster = new LocalCluster();
            cluster.submitTopology("KafkaLocal", config,
topologyBuilder.createTopology());
            // sleep
            try {
                Thread.sleep(10000);
            } catch (InterruptedException e) {
                cluster.killTopology("KafkaToplogy");
                cluster.shutdown();
            }

            cluster.shutdown();
        }
    }
}
```

String Split Bolt: 这个负责将行划分为单词，然后将其传输到topology管道的下一个bolt:

```
import org.apache.storm.task.OutputCollector;
import org.apache.storm.task.TopologyContext;
import org.apache.storm.topology.IRichBolt;
import org.apache.storm.topology.OutputFieldsDeclarer;
import org.apache.storm.tuple.Fields;
import org.apache.storm.tuple.Tuple;
import org.apache.storm.tuple.Values;

import java.util.Map;

public class StringToWordsSpliterBolt implements IRichBolt{
```

```
    private OutputCollector collector;

    @Override
    public void prepare(Map map, TopologyContext topologyContext,
OutputCollector collector) {
        this.collector = collector;
    }

    @Override
    public void execute(Tuple input) {
        String line = input.getString(0);
        String[] words = line.split(" ");

        for (String word : words) {
            if (!word.isEmpty()) {
                collector.emit(new Values(word));
            }
        }

        collector.ack(input);
    }

    @Override
    public void cleanup() {

    }

    @Override
    public void declareOutputFields(OutputFieldsDeclarer declarer) {
        declarer.declare(new Fields("fraudIP"));
    }

    @Override
    public Map<String, Object> getComponentConfiguration() {
        return null;
    }
}
```

Wordcount Calculator Bolt：它接收由 split bolt 发射的输入，然后将其单词计数后存储在

Map 中，最终将其转储到控制台：

```
import org.apache.storm.task.OutputCollector;
import org.apache.storm.task.TopologyContext;
import org.apache.storm.topology.IRichBolt;
import org.apache.storm.topology.OutputFieldsDeclarer;
import org.apache.storm.tuple.Tuple;

import java.util.HashMap;
import java.util.Map;

public class WordCountCalculatorBolt implements IRichBolt {
   Map<String, Integer> wordCountMap;
   private OutputCollector collector;

   @Override
   public  void  prepare(Map  map,  TopologyContext  topologyContext,
OutputCollector collector) {
      this.wordCountMap = new HashMap<String, Integer>();
      this.collector = collector;
   }

   @Override
   public void execute(Tuple input) {
      String str = input.getString(0);
      str = str.toLowerCase().trim();
      if (!wordCountMap.containsKey(str)) {
         wordCountMap.put(str, 1);
      } else {
         Integer c = wordCountMap.get(str) + 1;
         wordCountMap.put(str, c);
      }

      collector.ack(input);
   }

   @Override
   public void cleanup() {
      for (Map.Entry<String, Integer> entry : wordCountMap.entrySet()) {
         System.out.println(entry.getKey() + " : " + entry.getValue());
```

```
        }
    }

    @Override
    public void declareOutputFields(OutputFieldsDeclarer
outputFieldsDeclarer) {

    }

    @Override
    public Map<String, Object> getComponentConfiguration() {
        return null;
    }
}
```

集成 Apache Kafka 与 Apache Storm - Scala

此部分包含前面讨论的 wordcount 程序的 Scala 版本。

Topology Class：我们尝试 Scala 版本的 topology 类：

```
import org.apache.storm.{Config, LocalCluster, StormSubmitter}
import org.apache.storm.kafka._
import org.apache.storm.spout.SchemeAsMultiScheme
import org.apache.storm.topology.TopologyBuilder

object KafkaStormWordCountTopology {
  def main(args: Array[String]): Unit = {
    val zkConnString: String = "localhost:2181"
    val topic: String = "words"
    val hosts: BrokerHosts = new ZkHosts(zkConnString)
    val kafkaSpoutConfig: SpoutConfig = new SpoutConfig(hosts, topic,
"/"+topic, "wordcountID")

    kafkaSpoutConfig.startOffsetTime =
kafka.api.OffsetRequest.EarliestTime
    kafkaSpoutConfig.scheme = new SchemeAsMultiScheme(new StringScheme())

    val topologyBuilder: TopologyBuilder = new TopologyBuilder()
```

```
    topologyBuilder.setSpout("kafkaspout", new
KafkaSpout(kafkaSpoutConfig))
    topologyBuilder.setBolt("stringsplit", new
StringToWordsSpliterBolt()).shuffleGrouping("kafkaspout")
    topologyBuilder.setBolt("counter", new
WordCountCalculatorBolt()).shuffleGrouping("stringsplit")

    val config: Config = new Config()
    config.setDebug(true)

    if (args != null && args.length > 1) {
      config.setNumWorkers(3)
      StormSubmitter.submitTopology(args(1), config,
topologyBuilder.createTopology())
    } else {
      // for a component to 3
      config.setMaxTaskParallelism(3)

      // LocalCluster is used to run locally
      val cluster: LocalCluster = new LocalCluster()
      cluster.submitTopology("KafkaLocal", config,
topologyBuilder.createTopology())

      // sleep
      try {
        Thread.sleep(10000)
      } catch {
        case e: InterruptedException => {
          cluster.killTopology("KafkaTopology")
          cluster.shutdown()
        }
      }

      cluster.shutdown()
    }

    // Cap the maximum number of executors that can be spawned

  }
}
```

String Split Bolt：Scala 版本的 String Split Bolt：

```
import java.util

import org.apache.storm.task.{OutputCollector, TopologyContext}
import org.apache.storm.topology.{IRichBolt, OutputFieldsDeclarer}
import org.apache.storm.tuple.{Fields, Tuple, Values}

class StringToWordsSpliterBolt extends IRichBolt {
  private var collector: OutputCollector = _

  override def getComponentConfiguration: util.Map[String, AnyRef] = null

  override def declareOutputFields(declarer: OutputFieldsDeclarer): Unit =
{
    declarer.declare(new Fields("fraudIP"))
  }

  override def cleanup(): Unit = {}

  override def execute(input: Tuple): Unit = {
    val line: String = input.getString(0)
    val words: Array[String] = line.split(" ")
    for (word <- words if !word.isEmpty) {
      collector.emit(new Values(word))
    }

    collector.ack(input)
  }

  override def prepare(stormConf: util.Map[_, _], context: TopologyContext,
collector: OutputCollector): Unit = {
    this.collector = collector
  }
}
```

Wordcount Bolt：Wordcount Bolt 示例如下：

```
import java.util.Map
```

```
import java.util.HashMap

import org.apache.storm.task.{OutputCollector, TopologyContext}
import org.apache.storm.topology.{IRichBolt, OutputFieldsDeclarer}
import org.apache.storm.tuple.Tuple

class WordCountCalculatorBolt extends IRichBolt {
  var wordCountMap: Map[String, Integer] = _
  private var collector: OutputCollector = _

  override def getComponentConfiguration: Map[String, AnyRef] = null

  override def declareOutputFields(declarer: OutputFieldsDeclarer): Unit =
{}

  override def cleanup(): Unit = {
    for((key, value) <- wordCountMap) {
      println(key + " : " + value)
    }
  }

  override def execute(input: Tuple): Unit = {
    var str: String = input.getString(0)
    str = str.toLowerCase().trim()
    if (!wordCountMap.containsKey(str)) {
      wordCountMap.put(str, 1)
    } else {
      val c: Integer = wordCountMap.get(str) + 1
      wordCountMap.put(str, c)
    }

    collector.ack(input)
  }

  override def prepare(stormConf: Map[_, _], context: TopologyContext,
collector: OutputCollector): Unit = {
    this.wordCountMap = new HashMap[String, Integer]()
    this.collector = collector
  }
}
```

用例 —— 使用 Storm、Kafka 和 Hive 处理日志

我们将使用在第 5 章（*集成 Kafka 构建 Spark Streaming 应用*）中已经使用过的 IP 欺诈检测的相同用例。让我们从代码以及它是如何工作的开始。从第 5 章中复制下面的类到你的 Storm Kafka 用例：

项目中 pom.xml 文件的内容：

```
<?xml version="1.0" encoding="UTF-8"?>
<project xmlns="http://maven.apache.org/POM/4.0.0"
       xmlns:xsi="http://www.w3.org/2001/XMLSchema-instance"
       xsi:schemaLocation="http://maven.apache.org/POM/4.0.0
http://maven.apache.org/xsd/maven-4.0.0.xsd">
    <modelVersion>4.0.0</modelVersion>

    <groupId>com.packt</groupId>
    <artifactId>chapter6</artifactId>
    <version>1.0-SNAPSHOT</version>

    <properties>

<project.build.sourceEncoding>UTF-8</project.build.sourceEncoding>
    </properties>


    <dependencies>

        <!--
https://mvnrepository.com/artifact/org.apache.storm/storm-hive -->
        <dependency>
            <groupId>org.apache.storm</groupId>
            <artifactId>storm-hive</artifactId>
            <version>1.0.0</version>
            <exclusions>
                <exclusion><!-- possible scala confilict -->
                    <groupId>jline</groupId>
                    <artifactId>jline</artifactId>
                </exclusion>
            </exclusions>
```

```
        </dependency>


        <dependency>
            <groupId>junit</groupId>
            <artifactId>junit</artifactId>
            <version>3.8.1</version>
            <scope>test</scope>
        </dependency>

        <dependency>
            <groupId>org.apache.hadoop</groupId>
            <artifactId>hadoop-hdfs</artifactId>
            <version>2.6.0</version>
            <scope>compile</scope>
        </dependency>

        <!--
https://mvnrepository.com/artifact/org.apache.storm/storm-kafka -->
        <dependency>
            <groupId>org.apache.storm</groupId>
            <artifactId>storm-kafka</artifactId>
            <version>1.0.0</version>
        </dependency>
        <!--
https://mvnrepository.com/artifact/org.apache.storm/storm-core -->
        <dependency>
            <groupId>org.apache.storm</groupId>
            <artifactId>storm-core</artifactId>
            <version>1.0.0</version>
            <scope>provided</scope>
        </dependency>
        <dependency>
            <groupId>org.apache.kafka</groupId>
            <artifactId>kafka_2.10</artifactId>
            <version>0.8.1.1</version>
            <exclusions>
                <exclusion>
                    <groupId>org.apache.zookeeper</groupId>
                    <artifactId>zookeeper</artifactId>
```

```
                </exclusion>
                <exclusion>
                    <groupId>log4j</groupId>
                    <artifactId>log4j</artifactId>
                </exclusion>
            </exclusions>
        </dependency>

        <dependency>
            <groupId>commons-collections</groupId>
            <artifactId>commons-collections</artifactId>
            <version>3.2.1</version>
        </dependency>
        <dependency>
            <groupId>com.google.guava</groupId>
            <artifactId>guava</artifactId>
            <version>15.0</version>
        </dependency>

    </dependencies>

    <build>
        <plugins>

            <plugin>
                <groupId>org.apache.maven.plugins</groupId>
                <artifactId>maven-shade-plugin</artifactId>
                <version>2.4.2</version>
                <executions>
                    <execution>
                        <phase>package</phase>
                        <goals>
                            <goal>shade</goal>
                        </goals>
                        <configuration>
                            <filters>
                                <filter>
                                    <artifact>junit:junit</artifact>
                                    <includes>
                                        <include>junit/framework/**</include>
```

```
                                        <include>org/junit/**</include>
                                    </includes>
                                    <excludes>

<exclude>org/junit/experimental/**</exclude>

<exclude>org/junit/runners/**</exclude>
                                    </excludes>
                                </filter>
                                <filter>
                                    <artifact>*:*</artifact>
                                    <excludes>
                                        <exclude>META-INF/*.SF</exclude>
                                        <exclude>META-INF/*.DSA</exclude>
                                        <exclude>META-INF/*.RSA</exclude>
                                    </excludes>
                                </filter>
                            </filters>
                            <transformers>
                                <transformer

implementation="org.apache.maven.plugins.shade.resource.ServicesResource
Transformer"/>

                                <transformer

implementation="org.apache.maven.plugins.shade.resource.ManifestResource
Transformer">

<mainClass>com.packt.storm.ipfrauddetection.IPFraudDetectionTopology</ma
inClass>
                                </transformer>
                            </transformers>
                        </configuration>
                    </execution>
                </executions>
            </plugin>
            <plugin>
                <groupId>org.codehaus.mojo</groupId>
                <artifactId>exec-maven-plugin</artifactId>
```

```
                <version>1.2.1</version>
                <executions>
                    <execution>
                        <goals>
                            <goal>exec</goal>
                        </goals>
                    </execution>
                </executions>
                <configuration>

<includeProjectDependencies>true</includeProjectDependencies>

<includePluginDependencies>false</includePluginDependencies>
                    <executable>java</executable>
                    <classpathScope>compile</classpathScope>

<mainClass>com.packt.storm.ipfrauddetection.IPFraudDetectionTopology</ma
inClass>
                </configuration>
            </plugin>
            <plugin>
                <groupId>org.apache.maven.plugins</groupId>
                <artifactId>maven-compiler-plugin</artifactId>
                <configuration>
                    <source>1.6</source>
                    <target>1.6</target>
                </configuration>
            </plugin>
        </plugins>
    </build>
</project>
```

生产者

我们将重新使用前一章的生产者代码。

streaming.properties 文件：

```
topic=iprecord
broker.list=192.168.1.104:9092
```

```
appname=IPFraud
group.id=Stream

Property Reader:
import java.io.FileNotFoundException;
import java.io.IOException;
import java.io.InputStream;
import java.util.Properties;

public class PropertyReader {

    private Properties prop = null;

    public PropertyReader() {

        InputStream is = null;
        try {
            this.prop = new Properties();
            is =
this.getClass().getResourceAsStream("/streaming.properties");
            prop.load(is);
        } catch (FileNotFoundException e) {
            e.printStackTrace();
        } catch (IOException e) {
            e.printStackTrace();
        }
    }

    public String getPropertyValue(String key) {
        return this.prop.getProperty(key);
    }
}
```

生产者代码

我们的生产者应用程序设计得像一个实时日志生产者，生产者每三秒钟运行一次，并使用随机 IP 地址产生一条新纪录。你可以在 IP_LOG.log 文件中添加一些记录，生产者将从这些记录中产生数百万的唯一记录。

我们还启用了 Kafka topics 的自动创建功能，因此在运行生产者应用程序之前，不需要创建一个 topic。你可以在之前提到的 streaming.properties 文件中修改 topic 名称。

```
import com.packt.storm.reader.PropertyReader;
import org.apache.kafka.clients.producer.KafkaProducer;
import org.apache.kafka.clients.producer.ProducerRecord;
import org.apache.kafka.clients.producer.RecordMetadata;

import java.io.BufferedReader;
import java.io.File;
import java.io.IOException;
import java.io.InputStreamReader;
import java.util.*;
import java.util.concurrent.ExecutionException;
import java.util.concurrent.Future;


public class IPLogProducer extends TimerTask {
    static String path = "";

    public BufferedReader readFile() {
        BufferedReader BufferedReader = new BufferedReader(new
InputStreamReader(
                this.getClass().getResourceAsStream("/IP_LOG.log")));
        return BufferedReader;

    }

    public static void main(final String[] args) {
        Timer timer = new Timer();
        timer.schedule(new IPLogProducer(), 3000, 3000);
    }

    private String getNewRecordWithRandomIP(String line) {
        Random r = new Random();
        String ip = r.nextInt(256) + "." + r.nextInt(256) + "." + r.nextInt(256)
+ "." + r.nextInt(256);
        String[] columns = line.split(" ");
        columns[0] = ip;
        return Arrays.toString(columns);
    }
```

```
    @Override
    public void run() {
        PropertyReader propertyReader = new PropertyReader();

        Properties producerProps = new Properties();
        producerProps.put("bootstrap.servers",
propertyReader.getPropertyValue("broker.list"));
        producerProps.put("key.serializer",
"org.apache.kafka.common.serialization.StringSerializer");
        producerProps.put("value.serializer",
"org.apache.kafka.common.serialization.StringSerializer");
        producerProps.put("auto.create.topics.enable", "true");

        KafkaProducer<String, String> ipProducer = new KafkaProducer<String,
String>(producerProps);

        BufferedReader br = readFile();
        String oldLine = "";
        try {
            while ((oldLine = br.readLine()) != null) {
                String line = getNewRecordWithRandomIP(oldLine).replace("[",
"").replace("]", "");
                ProducerRecord ipData = new ProducerRecord<String,
String>(propertyReader.getPropertyValue("topic"), line);
                Future<RecordMetadata> recordMetadata =
ipProducer.send(ipData);
            }
        } catch (IOException e) {
            e.printStackTrace();
        } catch (InterruptedException e) {
            e.printStackTrace();
        } catch (ExecutionException e) {
            e.printStackTrace();
        }
        ipProducer.close();
    }
}
```

欺诈 IP 查找

下面的类将帮助我们确定请求是否来自一个欺诈性 IP。在实现该类之前，我们已经使用了接口，这样就可以添加更多的 NoSQL 数据库或者任何快速查找服务。你可以使用 HBase 或其他快速键查找服务来实现此服务和添加查找服务。

我们使用 InMemoryLookup，并在缓存中添加了欺诈 IP 范围。添加以下代码到你的项目中：

```
public interface IIPScanner {
    boolean isFraudIP(String ipAddresses);
}
```

CacheIPLookup 类是 IIPScanner 接口的一种实现，它将在内存中查找：

```
import java.io.Serializable;
import java.util.HashSet;
import java.util.Set;

public class CacheIPLookup implements IIPScanner, Serializable {

    private Set<String> fraudIPList = new HashSet<String>();

    public CacheIPLookup() {
        fraudIPList.add("212");
        fraudIPList.add("163");
        fraudIPList.add("15");
        fraudIPList.add("224");
        fraudIPList.add("126");
        fraudIPList.add("92");
        fraudIPList.add("91");
        fraudIPList.add("10");
        fraudIPList.add("112");
        fraudIPList.add("194");
        fraudIPList.add("198");
        fraudIPList.add("11");
        fraudIPList.add("12");
        fraudIPList.add("13");
        fraudIPList.add("14");
        fraudIPList.add("15");
        fraudIPList.add("16");
```

```
    }

    @Override
    public boolean isFraudIP(String ipAddresses) {
        return fraudIPList.contains(ipAddresses);
    }
}
```

Storm 应用程序

本节将帮助你在 Apache Kafka 和 Apache Storm 的帮助下创建 IP 欺诈检测应用程序。Storm 将读取 Kafka topic 中的数据，其中包含 IP 日志记录，然后进行必要的检测处理，并同时将记录放入 Hive 和 Kafka 中。

我们的 Topology 包括以下组件：

- Kafka Spout：它将从 Kafka 中读取一个记录流，并把它发送到两个 bolt。
- 欺诈检测 Bolt：这个 bolt 将处理 Kafka spout 发射的记录，并将欺诈记录发射到 Hive 和 Kafka bolt。
- Hive Bolt：这个 bolt 将读取由欺诈检测 bolt 发射的数据，并把这些记录进行处理，然后把这些记录推送到 Hive 表中。
- Kafka Bolt：这个 bolt 将与 Hive bolt 进行相同的处理，但是结果数据会推送到另一个 Kafka topic。

iptopology.properties 文件内容：

```
zkhost=localhost:2181
inputTopic=iprecord
outputTopic=fraudip
KafkaBroker=localhost:6667
consumerGroup=id7
metaStoreURI=thrift://localhost:9083
dbName = default
tblName = fraud_ip
```

Hive 表：在 Hive 数据库中创建下面的表，这个表将存储由 Hive bolt 发射的记录：

```
DROP TABLE IF EXISTS fraud_ip;
CREATE TABLE fraud_ip(
```

```
    ip STRING,
    date STRING,
    request_url STRING,
    protocol_type STRING,
    status_code STRING
)
PARTITIONED BY (col1 STRING)
CLUSTERED BY (col3) into 5 buckets
STORED AS ORC;
```

IPFraudDetectionTopology：这个类将构建一个 topology，它指示了如何把 spout 和 bolts 连接到一起形成 Storm topology。这是我们应用程序的主类（main class），我们将在把 topology 提交到 Storm 集群时使用它。

```
package com.packt.storm.ipfrauddetection;

import com.packt.storm.example.StringToWordsSpliterBolt;
import com.packt.storm.example.WordCountCalculatorBolt;
import org.apache.log4j.Logger;
import org.apache.storm.Config;
import org.apache.storm.LocalCluster;
import org.apache.storm.StormSubmitter;
import org.apache.storm.generated.AlreadyAliveException;
import org.apache.storm.generated.AuthorizationException;
import org.apache.storm.generated.InvalidTopologyException;
import org.apache.storm.hive.bolt.HiveBolt;
import org.apache.storm.hive.bolt.mapper.DelimitedRecordHiveMapper;
import org.apache.storm.hive.common.HiveOptions;
import org.apache.storm.kafka.*;
import org.apache.storm.spout.SchemeAsMultiScheme;
import org.apache.storm.topology.TopologyBuilder;
import org.apache.storm.tuple.Fields;

import java.io.FileInputStream;
import java.io.IOException;
import java.io.InputStream;
import java.util.Properties;

public class IPFraudDetectionTopology {
```

```
    private static String zkhost, inputTopic, outputTopic, KafkaBroker,
consumerGroup;
    private static String metaStoreURI, dbName, tblName;
    private static final Logger logger =
Logger.getLogger(IPFraudDetectionTopology.class);

    public static void Intialize(String arg) {
        Properties prop = new Properties();
        InputStream input = null;

        try {
            logger.info("Loading Configuration File for setting up input");
            input = new FileInputStream(arg);
            prop.load(input);
            zkhost = prop.getProperty("zkhost");
            inputTopic = prop.getProperty("inputTopic");
            outputTopic = prop.getProperty("outputTopic");
            KafkaBroker = prop.getProperty("KafkaBroker");
            consumerGroup = prop.getProperty("consumerGroup");
            metaStoreURI = prop.getProperty("metaStoreURI");
            dbName = prop.getProperty("dbName");
            tblName = prop.getProperty("tblName");

        } catch (IOException ex) {
            logger.error("Error While loading configuration file" + ex);

        } finally {
            if (input != null) {
                try {
                    input.close();
                } catch (IOException e) {
                    logger.error("Error Closing input stream");

                }
            }
        }

    }
```

```
    public static void main(String[] args) throws AlreadyAliveException,
InvalidTopologyException, AuthorizationException {
        Intialize(args[0]);
        logger.info("Successfully loaded Configuration ");

        BrokerHosts hosts = new ZkHosts(zkhost);
        SpoutConfig spoutConfig = new SpoutConfig(hosts, inputTopic, "/" +
KafkaBroker, consumerGroup);
        spoutConfig.scheme = new SchemeAsMultiScheme(new StringScheme());
        spoutConfig.startOffsetTime                                        =
kafka.api.OffsetRequest.EarliestTime();
        KafkaSpout kafkaSpout = new KafkaSpout(spoutConfig);
        String[] partNames = {"status_code"};
        String[] colNames = {"date", "request_url", "protocol_type",
"status_code"};

        DelimitedRecordHiveMapper mapper = new
DelimitedRecordHiveMapper().withColumnFields(new Fields(colNames))
                .withPartitionFields(new Fields(partNames));

        HiveOptions hiveOptions;
        //make sure you change batch size and all paramtere according to
requirement
        hiveOptions  =  new  HiveOptions(metaStoreURI,  dbName,  tblName,
mapper).withTxnsPerBatch(250).withBatchSize(2)
                .withIdleTimeout(10).withCallTimeout(10000000);

        logger.info("Creating Storm Topology");
        TopologyBuilder builder = new TopologyBuilder();

        builder.setSpout("KafkaSpout", kafkaSpout, 1);

        builder.setBolt("frauddetect", new
FraudDetectorBolt()).shuffleGrouping("KafkaSpout");
        builder.setBolt("KafkaOutputBolt",
                new IPFraudKafkaBolt(zkhost,
"kafka.serializer.StringEncoder", KafkaBroker, outputTopic), 1)
                .shuffleGrouping("frauddetect");

        builder.setBolt("HiveOutputBolt", new IPFraudHiveBolt(),
```

```
1).shuffleGrouping("frauddetect");
        builder.setBolt("HiveBolt", new
HiveBolt(hiveOptions)).shuffleGrouping("HiveOutputBolt");

        Config conf = new Config();
        if (args != null && args.length > 1) {
            conf.setNumWorkers(3);
            logger.info("Submiting  topology to storm cluster");

            StormSubmitter.submitTopology(args[1], conf,
builder.createTopology());
        } else {
            // Cap the maximum number of executors that can be spawned
            // for a component to 3
            conf.setMaxTaskParallelism(3);
            // LocalCluster is used to run locally
            LocalCluster cluster = new LocalCluster();
            logger.info("Submitting  topology to local cluster");
            cluster.submitTopology("KafkaLocal", conf,
builder.createTopology());
            // sleep
            try {
                Thread.sleep(10000);
            } catch (InterruptedException e) {
                // TODO Auto-generated catch block
                logger.error("Exception ocuured" + e);
                cluster.killTopology("KafkaToplogy");
                logger.info("Shutting down cluster");
                cluster.shutdown();
            }
            cluster.shutdown();

        }

    }
}
```

欺诈检测 Bolt：这个 bolt 将读取 Kafka spout 发射的元组（tuples），并通过使用一个基于内存的 IP 查找服务来检测哪个记录是欺诈的。然后它同时将欺诈记录发射到 hivebolt 和 kafkabolt：

```
package com.packt.storm.ipfrauddetection;

import com.packt.storm.utils.CacheIPLookup;
import com.packt.storm.utils.IIPScanner;
import org.apache.storm.task.OutputCollector;
import org.apache.storm.task.TopologyContext;
import org.apache.storm.topology.OutputFieldsDeclarer;
import org.apache.storm.topology.base.BaseRichBolt;
import org.apache.storm.tuple.Fields;
import org.apache.storm.tuple.Tuple;
import org.apache.storm.tuple.Values;

import java.util.Map;

public class FraudDetectorBolt extends BaseRichBolt {
    private IIPScanner cacheIPLookup = new CacheIPLookup();
    private OutputCollector collector;

    @Override
    public void prepare(Map map, TopologyContext topologyContext,
OutputCollector outputCollector) {
        this.collector = outputCollector;
    }

    @Override
    public void execute(Tuple input) {
        String ipRecord = (String) input.getValue(0);
        String[] columns = ipRecord.split(",");

        String IP = columns[0];
        String[] ranges = IP.split("\\.");
        String range = null;
        try {
            range = ranges[0];
```

```
        } catch (ArrayIndexOutOfBoundsException ex) {

        }
        boolean isFraud = cacheIPLookup.isFraudIP(range);

        if (isFraud) {
            Values value = new Values(ipRecord);
            collector.emit(value);
            collector.ack(input);
        }
    }

    @Override
    public void declareOutputFields(OutputFieldsDeclarer
outputFieldsDeclarer) {
        outputFieldsDeclarer.declare(new Fields("fraudip"));
    }
}
```

IPFraudHiveBolt：这个调用将处理由欺诈检测 bolt 发射的记录，并使用 Thrift 服务将数据推送到 Hive 中：

```
package com.packt.storm.ipfrauddetection;


import com.packt.storm.utils.CacheIPLookup;
import com.packt.storm.utils.IIPScanner;
import org.apache.log4j.Logger;
import org.apache.storm.task.OutputCollector;
import org.apache.storm.task.TopologyContext;
import org.apache.storm.topology.OutputFieldsDeclarer;
import org.apache.storm.topology.base.BaseRichBolt;
import org.apache.storm.tuple.Fields;
import org.apache.storm.tuple.Tuple;
import org.apache.storm.tuple.Values;
```

```
import java.util.Map;

public class IPFraudHiveBolt extends BaseRichBolt {
    private static final long serialVersionUID = 1L;
    private static final Logger logger =
Logger.getLogger(IPFraudHiveBolt.class);
    OutputCollector _collector;
    private IIPScanner cacheIPLookup = new CacheIPLookup();

    public void prepare(Map stormConf, TopologyContext context,
OutputCollector collector) {
        _collector = collector;
    }

    public void execute(Tuple input) {
        String ipRecord = (String) input.getValue(0);
        String[] columns = ipRecord.split(",");
        Values value = new Values(columns[0], columns[3], columns[4],
columns[5], columns[6]);
        _collector.emit(value);
        _collector.ack(input);
    }

    public void declareOutputFields(OutputFieldsDeclarer ofDeclarer) {
        ofDeclarer.declare(new Fields("ip", "date", "request_url",
"protocol_type", "status_code"));
    }
}
```

IPFraudKafkaBolt：这个类使用 Kafka 生产者 API 将处理过的欺诈 IP 地址推送到另一个 Kafka topic：

```
package com.packt.storm.ipfrauddetection;

import com.packt.storm.utils.CacheIPLookup;
```

```
import com.packt.storm.utils.IIPScanner;
import org.apache.kafka.clients.producer.KafkaProducer;
import org.apache.kafka.clients.producer.Producer;
import org.apache.kafka.clients.producer.ProducerRecord;
import org.apache.kafka.clients.producer.RecordMetadata;
import org.apache.log4j.Logger;
import org.apache.storm.task.OutputCollector;
import org.apache.storm.task.TopologyContext;
import org.apache.storm.topology.OutputFieldsDeclarer;
import org.apache.storm.topology.base.BaseRichBolt;
import org.apache.storm.tuple.Fields;
import org.apache.storm.tuple.Tuple;

import java.util.HashMap;
import java.util.Map;
import java.util.Properties;
import java.util.concurrent.Future;

public class IPFraudKafkaBolt extends BaseRichBolt {
   private static final long serialVersionUID = 1L;
   private Producer<String, String> producer;
   private String zkConnect, serializerClass, topic, brokerList;
   private static final Logger logger =
Logger.getLogger(IPFraudKafkaBolt.class);
   private Map<String, String> valueMap = new HashMap<String, String>();
   private String dataToTopic = null;
   OutputCollector _collector;
   private IIPScanner cacheIPLookup = new CacheIPLookup();

   public IPFraudKafkaBolt(String zkConnect, String serializerClass,
String brokerList, String topic) {
       this.zkConnect = zkConnect;
       this.serializerClass = serializerClass;
       this.topic = topic;
```

```
        this.brokerList = brokerList;
    }

    public void prepare(Map stormConf, TopologyContext context,
OutputCollector collector) {
        logger.info("Intializing Properties");
        _collector = collector;
        Properties props = new Properties();
        props.put("zookeeper.connect", zkConnect);
        props.put("serializer.class", serializerClass);
        props.put("metadata.broker.list", brokerList);
        KafkaProducer<String, String> producer = new KafkaProducer<String,
String>(props);
    }

    public void execute(Tuple input) {

        dataToTopic = (String) input.getValue(0);
        ProducerRecord data = new ProducerRecord<String, String>(topic,
this.dataToTopic);
        Future<RecordMetadata> recordMetadata = producer.send(data);
        _collector.ack(input);

    }

    public void declareOutputFields(OutputFieldsDeclarer declarer) {
        declarer.declare(new Fields("null"));
    }
}
```

运行项目

在运行项目之前，执行以下的权限设置：

```
sudo su - hdfs -c "hdfs dfs -chmod 777 /tmp/hive"
```

```
sudo chmod 777 /tmp/hive
```

为了在集群模式下运行，我们需要执行：

- storm jar /home/ldap/chanchals/kafka-storm-integration-0.0.1-SNAPSHOT.jar com.packt.storm.ipfrauddetection.IPFraudDetectionTopology iptopology.properties TopologyName

为了在本地模式下运行，我们需要执行：

- storm jar kafka-storm-integration-0.0.1-SNAPSHOT.jar com.packt.storm.ipfrauddetection.IPFraudDetectionTopology iptopology.properties

总　结

在本章中，我们简要地了解了 Apache Storm 架构，并讨论了 Storm 的局限性，这些局限性的问题激发 Twitter 开发出 Heron。我们还讨论了 Heron 的架构以及组件。之后，我们讨论了 API 和 Storm Kafka 集成的例子。我们也讨论了 IP 欺诈检测用例和学习如何创建一个 topology。

在下一章中，我们将学习 Apache Kafka 的 Confluent Platform，它提供了许多高级工具和特性，便于我们在 Kafka 中使用。

第7章 使用 Kafka 与 Confluent Platform

在上一章中，我们了解了 Apache Storm 和 Apache Heron。我们也体验了 Kafka 与 Storm 的集成。在本章中，我们将重点介绍 Confluent Platform，这是为了使 Kafka 更高效地用于生产应用程序而专门设计的。

Confluent Platform 是一个流数据平台，能够组织管理来自不同数据源的数据，拥有稳定高效的系统。Confluent Platform 不仅提供数据传输的系统，还提供所有的工具：连接数据源的工具、应用，以及数据接收。Confluent Platform 基于 Apache Kafka。Kafka 是低延迟、高可扩展和分布式消息系统。它被数百家企业用于许多不同的场景，包括收集用户活动数据、系统日志、应用程序指标、股票行情数据和设备仪器的信号等等。

我们将在本章讨论下列主题：

- Confluent Platform 介绍
- Confluent 架构

- Kafka Connectors 和 Kafka Streams
- Schema Registry 和 REST Proxy
- Camus——把 Kafka 数据移动到 HDFS

Confluent Platform 介绍

到目前为止，我们已经学习了内部概念，还介绍了一些帮助我们使用 Apache Kafka 的程序。Confluent Platform 由 Kafka 的创建者开发的，为了提高 Kafka 在生产应用程序中的可用性。

下面是介绍 Confluent Platform 的几个原因：

- 与 Kafka 集成：前一章中，我们看到了 Spark、Storm 和 Kafka 的集成。然而，这些框架附带了额外丰富的 API，并且在带有 Kafka 的单一平台上提供这样的流处理将避免单独维护其他分布式执行引擎。
- 内置的连接器：我们看到，使用 Kafka 提供的 API 编写 Kafka 生产者或消费者应用程序是非常容易的。我们已经在很多应用程序体系架构中看到了 Kafka 的使用，数据来源的类型也很常见，这意味着数据来源可能是数据库、服务器日志、任何数据生成器应用服务器等。

我们还看到，最终的消费层（数据存储用来做一些分析工作）也是常见的。该数据可用于 Elasticsearch，它可能存储在 HDFS 等等。

如果我们提供一个平台，它仅仅提供配置功能，在 Kafka 中提供数据，我们提供另一个配置，数据被推送到诸如 Elasticsearch、HDFS 等目的地。

- 客户端：我们可以使用 Java、Scala 客户端来使用 Kafka API 编写 Kafka 生产者或消费者应用程序。人们可能需要在 PHP、.NET、Perl 等语言中编写相同的代码。这非常有必要将 Kafka 的使用扩展到各种应用程序客户端，以便使用特定语言的用户都可以轻松地开发 Kafka 应用程序。
- 可访问性：如果应用程序想使用 RESTful Web 服务访问 Kafka，该怎么办？对于需要使用 REST 调用 Kafka topic 数据的应用程序，我们不需要做任何事情。

将 REST 服务暴露给 Kafka 将简化 Kafka 在许多 REST 客户端的可用性，它们可以简单地调用暴露给 Kafka 的 REST 服务，并在不编写任何消费者应用程序的情况下为其应用程序服务。

- 存储格式：一个常见的挑战可能是在应用程序的生产者和消费者之间松耦合的数据格式。我们可能想要一份合同，其中生产者一方数据的任何变化不应该影响所有下游的消费者应用程序，或者生产者不应意外地以消费者应用程序无法消费的格式生成数据。

生产者和消费者都应该在约定条款（格式）上达成一致，这保证了这种类型的问题不应该影响他们中的任何一个，以防有任何数据类型的变化。

- 监控和控制 Kafka 性能：我们还希望有一个机制，可以看到 Kafka 集群的性能，它应该为我们提供具有良好接口的所有有价值的元数据信息。我们可能希望看到这个 topic 的性能，或者希望看到 Kafka 集群的 CPU 利用率，它可能给我们提供一个深层次的消费者信息。所有这些信息可以帮助我们在很大程度上优化应用程序。

所有这些功能都集成到一个叫作 Confluent Platform 的单一平台上。它允许我们集成不同的数据源和以一个可靠的、高性能的系统来管理这些数据。Confluent Platform 为我们提供了一种非常简单的方式，可以将许多数据源连接到 Kafka，并通过 Kafka 构建流应用程序。它还提供了安全、监控和有效管理 Kafka 集群的能力。

深入 Confluent Platform 架构

在本节中，我们将详细讨论 Confluent Platform 架构和它的组件。Confluent Platform 为你提供了基础的内置连接器和组件，帮助你专注于业务用例，以及如何从中获得价值。它负责从多个来源的数据集成和目标系统的消费。Confluent Platform 提供了一种可靠的方式来保护、监控和管理整个 Kafka 集群基础设施。我们先来讨论一下它的组成部分。

下面图 7-1 将会给出一个 Confluent 架构的简洁概念。

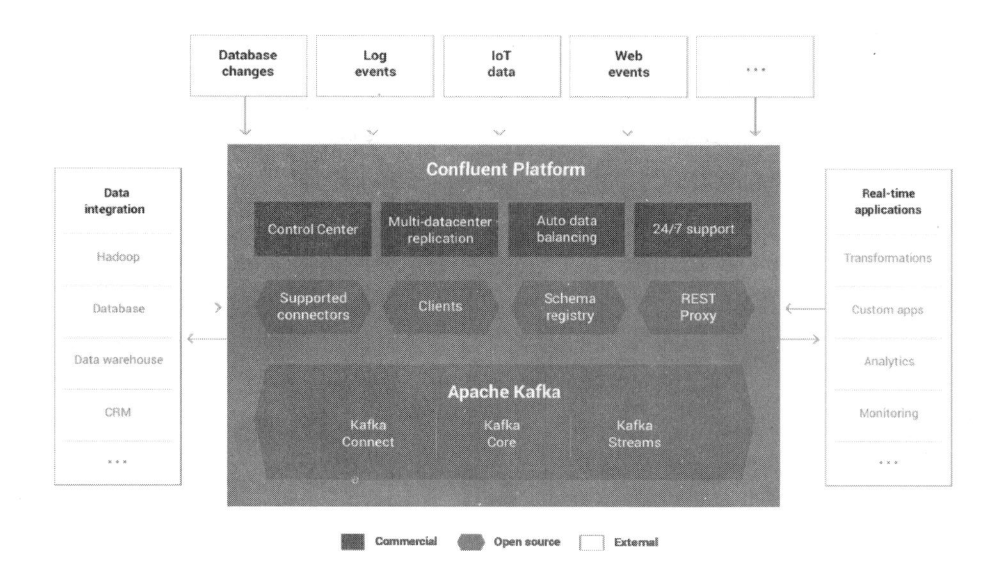

图 7-1　Confluent 架构

上面的图中，我们可以看到三种颜色的组件。深蓝色和浅蓝色（下载本书彩色图片文件，请查阅本书前言部分的说明）分布代表 Confluent Platform 的企业和开源版本。简单地说，Confluent Platform 有两个版本：

- 一个是开源版本，他们免费提供，它包含了所有用浅蓝色标记的组件。
- 另一个是 Confluent Platform 的企业版本，它包含一些高级组件，可以在管理和控制整个 Kafka 基础设施方面发挥作用。

我们简单地看一下每个组件的作用：

- 支持的连接器：连接器用于移动 Kafka 中的数据（移出和移入），它也被称为 Kafka Connect。Kafka 提供以下连接器：
- JDBC 连接器：你可能希望将数据从一个关系型数据库引入 Kafka，或者你可能希望将 Kafka 数据导出到关系型数据库，或者任何支持 JDBC 的数据库中。Confluent 提供 JDBC 连接器，使我们获取数据更容易。
- HDFS 连接器：在大多数情况下，你可能希望将 Kafka 数据存储到 HDFS 中进行批处理分析，或者存储历史记录以便以后处理。
- Elasticsearch 连接器：它帮助你移动 Kafka 数据到 Elasticsearch。在 Kafka 中需要对数据进行快速 adhoc 搜索的用例，可以使用此连接器将数据从 Kafka 移动到

Elasticsearch 并完成它们的工作。

- 文件连接器：Confluent 还提供了一个连接器，可以帮助你从文件中读取数据，并将其写入 Kafka 或将 Kafka 数据导出到文件中。它也称为 FileSource Connector 和 FileSink Connector。
- S3 连接器：类似于 HDFS 连接器，它帮助你将 Kafka 数据导出到 S3 存储中。
- 客户端：Confluent Platform 还为你提供了一个开源的 Kafka 客户端库，它帮助你以不同的语言（比如 C、C++、.NET、Python 等等）编写 Kafka 生产者和消费者应用程序。它使 Kafka 开发人员友好，在这里开发人员可以用他们更舒适的语言构建应用程序。
- Schema Registry：当生产者和消费者彼此松散耦合时，我们讨论了数据格式的问题。Confluent 提供了一个基于 Avro 序列化的 Schema 注册表，该注册表维护每个 Kafka topic 的模式的所有版本，并且已经注册了它的模式。开发人员可以修改模式，而不必担心它们对底层依赖系统的影响。
- REST Proxy：它提供了与 Kafka 集群交互的基于 REST 的 API。它提供了用于编写、读取和元数据访问的 REST 服务。任何语言中的应用程序都可以向 Kafka 集群发出基于 REST 的请求。这使得开发人员可以替换现有的组件来利用高性能的消息系统。

在开源 Confluent Platform 中，前一节中讨论的所有组件都是可用的。以下四个组件是 Confluent Platform 企业版的一个附加组件，它提供了许多有用的功能：

- 控制中心：Confluent Platform 提供了一个功能丰富的 GUI 来管理和监控 Kafka 集群。它还提供了一个 GUI 界面来创建你自己的 Kafka 管道，你无须编写任何代码，只需要提供一些配置。它还允许你通过收集 Kafka 集群的不同度量指标，来深层次地测量你的 Kafka 生产者和消费者的性能。所有这些度量指标都是非常重要的，可以有效地监控和维护你的 Kafka 集群，并始终提供高性能的结果。
- 多个数据中心复制：Confluent Platform 提供了跨多个数据中心复制 Kafka 数据的能力，或者允许你将多个 Kafka 数据中心的数据聚合到另一个数据中心，而不影响源数据中心的数据。

Kafka 数据中心复制器为我们做这个工作。控制中心提供了一个很好的 GUI 来完成这个任务。另外，Confluent 还提供了一个基于命令行的接口来使用数据中心复制。它提供了跨多个数据中心使用相似的配置来复制 Kafka topic 的能力。

- 自动数据平衡：随着业务和应用需求的增长，我们需要扩展自己的 Kafka 集群。我们可以创建更多的 topic 和分区。我们可以增加更多的 broker 或移除一些 broker。这可能会造成一种情况，其中一个 broker 将比其他 broker 拥有更多的工作负载，这可能会降低 Kafka 集群的性能。Confluent 自动数据平衡工具允许你通过减少再平衡对生产工作负载的影响来触发自动平衡。
- 24*7 技术支持：该特性在企业 confluent 版本中是自动启用的，该版本收集并报告 confluent 的集群度量指标，然后他们的团队帮助你在各种问题上提供常规支持。

理解 Kafka Connect 和 Kafka Stream

Kafka Connect 是一个工具，它提供了将数据移进和移出 Kafka 系统的能力。在使用 Kafka 时，成千上万的用例使用相同的源和目标系统。Kafka Connect 由这些公共源或目标系统的连接器组成。

Kafka Connect 由一组连接器组成，连接器有两种类型：

- 导入连接器：导入连接器用于从源系统将数据导入到 Kafka topic。这些连接器通过属性文件接受配置，并以任何你希望的方式将数据导入 Kafka topic。你不需要写你自己的生产者来做这样的工作。一些流行的连接器是 JDBC 连接器、文件连接器等等。
- 导出连接器：与导入连接器不同，导出连接器用于将 Kafka topic 的数据复制到目标系统。这也是基于配置属性文件，它可以根据你使用的连接器而变化。一些流行的导出连接器是 HDFS、S3、Elasticsearch 等。

Kafka Connect 没有对 Kafka 中可用的数据进行任何高级处理，它只是用于获取数据。Kafka Connect 可以在 ETL 管道中使用，它可以执行从源和目标系统提取和加载数据的工作。我们将在下一章详细介绍 Kafka 的连接器。

Kafka Streams

在前几章中，我们已经领略了像 Apache Spark 和 Apache Storm 这样的流处理引擎。这些处理引擎需要独立的安装和维护工作。Kafka Streams 是一个用来处理和分析存储在 Kafka topic 中数据的工具。Kafka Stream 库是基于流行的流处理概念构建的，它允许你在 Kafka

集群本身上运行流应用程序。

我们将研究 Kafka Streams 中使用的术语；不过，在接下来的章节中会详细介绍 Kafka Stream 的详细内容。Kafka Streams 有一些类似于 Apache Storm 的概念，这些概念介绍如下：

- Streams：Streams 是一组无界的记录，可用于处理。Stream API 由一个 Stream 分区组成，Stream 分区是数据记录的一个键值对。实际上，Streams 是可重放和容错的。
- Streams 处理应用程序：任何使用 Kafka Stream API 构建的应用程序都被称为流处理应用程序。
- Topology：Topology 是应用程序计算的逻辑计划，其中 Stream 处理器连接在一起以实现应用程序目标。
- Stream 处理器：Stream 处理器连接在一起形成一个 topology，每个处理器负责执行一些任务。Kafka Stream 处理器还包括两个特殊的 Stream 处理器：
- Source Stream 处理器：Source Stream 处理器负责从 Kafka topic 中读取流数据，并将这些数据传递给下游 Stream 处理器。它是流 topology 中的第一个处理器。
- Sink Stream 处理器：一个 Sink 处理器是流 topology 中的最后一个处理器，它从上面的处理器接收流数据，并将其存储到目标 Kafka topic 中。

Kafka Streams API 还提供了一个客户端 API 在数据流上执行聚合、过滤操作。它还允许你保存应用程序的状态，并以有效的方式处理容错。

除了 Kafka，Kafka Stream 应用程序不需要安装其他的特殊框架。它可以被看作是一个简单的 Java 应用程序，类似于生产者和消费者。我们将在接下来的章节中详细介绍 Kafka Streaming。

使用 Schema Registry 与 Avro 交互

Schema Registry 允许你为生产者和消费者存储 Avro 模式。它还为访问该模式提供了一个 RESTful 接口。它存储 Avro 模式的所有版本，并且每个模式版本都分配了一个模式 ID。

当生产者使用 Avro 序列化一条记录并发送给 Kafka topic 时，它不会发送整个模式，而是发送模式 ID 和记录。Avro 序列化器将模式的所有版本保存在缓存中，并使用与模式

ID 匹配的模式存储数据。

消费者还使用模式 ID 来读取 Kafka topic 的记录，其中 Avro 反序列化器使用模式 ID 来反序列化记录。

Schema Registry 还支持模式兼容性，在此我们可以修改模式兼容性的设置以支持向前和向后兼容性。

以下是 Avro 模式和生产者的例子：

```
kafka-avro-console-producer --broker-list localhost:9092 --topic test
--property
value.schema='{"type":"record","name":"testrecord","fields":[{"name":"co
untry","type":"string"}]}'
```

类似地，消费者的 Avro 模式示例：

```
kafka-avro-console-consumer --topic test --zookeeper localhost:2181
--from-beginning
```

请记住，如果 Schema Registry 已经启动并运行，消费者将能够反序列化记录。任何将无效或者不兼容的记录推送到 Kafka topic 的尝试都将导致异常。

该模式还使用 REST 请求注册，如下所示：

```
curl -X POST -H "Content-Type: application/vnd.schemaregistry.v1+json"
--data '{"schema": "{\"type\": \"string\"}"}'
http://localhost:8081/test/kafka-test/versions
{"id":1}
```

Schema Registry 保存模式的所有版本并配置其兼容性设置的能力使得 Schema Registry 更加特殊。Schema Registry 很容易使用，它还消除了在松散耦合的生产者和消费者环境中数据格式问题的瓶颈。

将 Kafka 数据移动到 HDFS

我们讨论了 Apache Kafka 与各种框架的集成，这些框架可以用于实时或准实时的流处理。Apache Kafka 可以将数据存储为已配置的保留时间，默认为 7 天。

当保留期结束时，数据将从 Kafka 中删除。组织不希望丢失数据，在许多情况下，他们需要一些数据来进行一些批处理以生成月度、每周或年度报告。我们可以将历史记录存储到一个廉价的容错存储系统中，比如 HDFS。

Kafka 数据可以被移动到 HDFS，可以用于不同的目的。我们将讨论从 Kafka 到 HDFS 移动数据的四种方法：

- 使用 Camus
- 使用 Gobblin
- 使用 Kafka Connect
- 使用 Flume

Camus

LinkedIn 首先为自己的日志处理用例创建了 Kafka。正如所讨论的那样，Kafka 将数据存储在一个已配置的时间段，默认值为 7 天。为了以后的任何批处理报告或其他使用，LinkedIn 团队觉得有必要将数据存储下来。现在，为了将数据存储在 HDFS 中，HDFS 是一个分布式存储文件系统，他们开始开发一种工具可以使用分布式系统功能从 Kafka 获取数据，这就是 Camus，它是一种使用 MapReduce API 开发的工具，用于从 Kafka 复制数据到 HDFS。

Camus 只是一种可以对数据进行增量复制的 map-reduce 作业，这意味着它不会从上次提交的偏移量中复制数据。

下面图 7-2 给出了 Camus 架构。

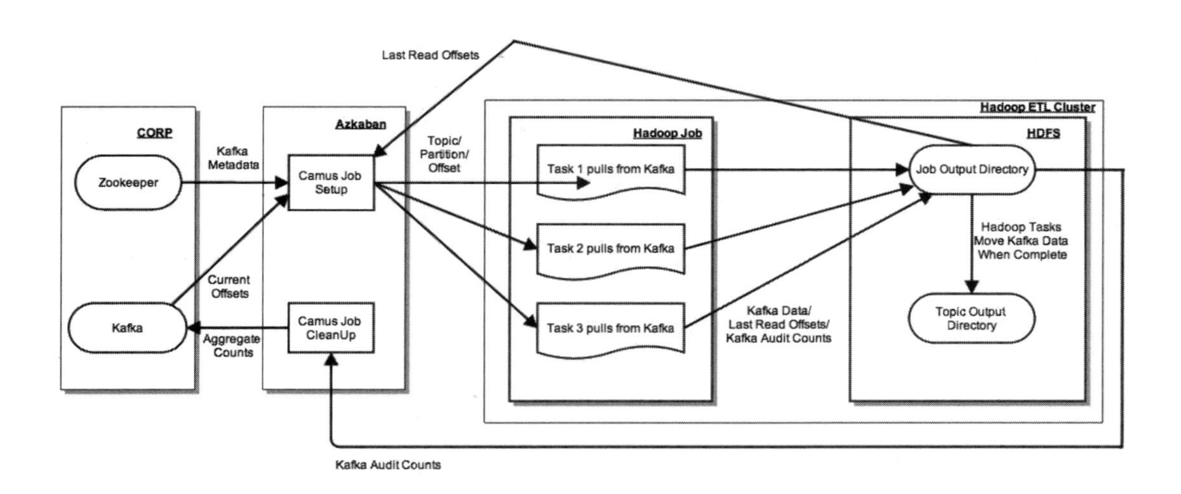

图 7-2　Camus 架构

上面的图显示了 Camus 如何工作的清晰画面。它从 Camus 设置开始，它要求 Zookeeper 读取 Kafka 元数据。Camus 作业是一组 map-reduce 作业，可以同时在多个数据节点上运行，从而达到从 Kafka 中分布式复制数据的目的。

运行 Camus

Camus 主要有两个任务：

- 从 Kafka 中读取数据：Camus 在读取 Kafka 的数据时充当消费者，它需要消息解码器类，该类可以被用来读取 Kafka topic 中的数据。这个 decoder 类必须实现 com.linkedin.camus.coders.MessageDecoder 类。有一些默认的 decoder 可以使用，比如 StringMessageDecoder。
- 将数据写入 HDFS：然后 Camus 将 Kafka 的数据写入 HDFS。要将数据写入 HDFS，它必须有一个 writer 记录类。该 writer 记录类必须实现 com.linkedin.camus.etl.RecordWriterProvider。

运行 Camus 需要 Hadoop 集群。正如所讨论的，Camus 只是一个 map-reduce 作业，它可以使用普通的 Hadoop 作业来运行，如下实例：

```
hadoop jar camus.jar com.linkedin.camus.etl.kafka.CamusJob -P
camus.properties
```

Gobblin

Gobblin 是 Apache Camus 的高级版本。Apache Camus 只能从 Kafka 复制数据到 HDFS；然而，Gobblin 可以连接多个源并将数据传输到 HDFS。LinkedIn 有超过 10 个数据源，并且都使用不同的工具来获取数据以进行处理。在短期内，他们意识到维护这些工具及其元数据变得越来越复杂，需要更多的努力和维护资源。他们认为有必要建立一个单一的系统，可以连接到所有数据源，并将数据输入到 Hadoop。这种动机帮助他们建造了 Gobblin。

Gobblin 架构

下面图 7-3 给出了这个 Gobblin 的架构。

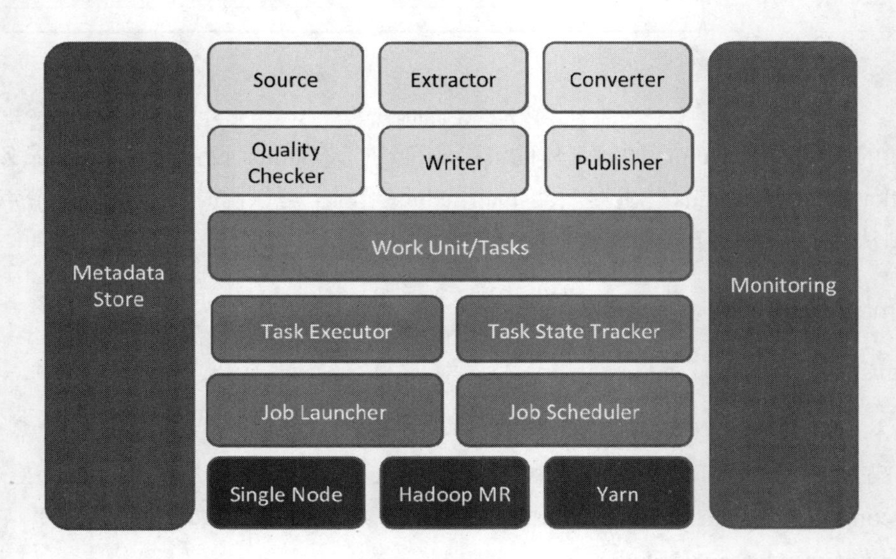

图 7-3　Gobblin 架构

Gobblin 的体系架构是以这样一种方式构建的，用户可以轻松地为新的数据源添加新的 Connectors，或者可以修改现有的源。我们可以将整体架构划分为四个部分：

- Gobblin 构造：这些都是对 Gobblin 摄取工作的整体处理。它包括如下：
- Source（源）：它负责充当数据源和 Gobblin 之间的连接器 Connector。它还将工作划分为更小的工作单元。每个工作单元负责带来数据的一部分。
- Extractor（抽取器）：这负责从数据源中提取数据。源为每个工作单元创建一个抽取器，每个抽取器从数据源获取一部分数据。Gobblin 也有一些现成可用流行的源和抽取器。

- Converter（转换器）：它们负责将输入记录转换为输出记录。一个或多个转换器可以连接在一起实现目标。
- Quality Checker（质量检查器）：这些是可选的构造，它们负责检查每个记录或所有记录的数据质量。
- Writer（写入器）：这与 sink 有关，它负责将数据写入到它所连接的 sink 上。
- Publisher（发布者）：负责从每个工作单元任务中收集数据，并在最终目录中存储数据。
- Gobblin 运行时：负责 Gobblin 作业的实际运行。它管理作业调度和资源协商以执行这些作业。Gobblin 运行时也会在失败时处理和重试任务。
- 支持部署：Gobblin 运行时基于部署模式运行作业。Gobblin 可以在 standalone 和 map-reduce 模式下运行。它也将支持基于 Yarn 的部署。
- Gobblin 实用工具：Gobblin 实用工具由两部分组成：一个是元数据管理，另一个是对 Gobblin 作业的监控。这个工具允许 Gobblin 将元数据存储在一个地方，而不是使用第三方工具来做这样的工作。它还收集了不同的度量指标，这些指标对于管理或优化 Gobblin 作业非常有用。

下面的配置文件（kafka_to_hdfs.conf）包含有关连接 URLs、Sink 类型、输出目录等信息，因此，Gobblin 作业将读取这些信息，以获取 Kafka 数据到 HDFS：

```
job.name=kafkatohdfs
job.group=Kafka
job.description=Kafka to hdfs using gobblin
job.lock.enabled=false

kafka.brokers=localhost:9092
source.class=gobblin.source.extractor.extract.kafka.KafkaSimpleSource
extract.namespace=gobblin.extract.kafka
writer.builder.class=gobblin.writer.SimpleDataWriterBuilder

writer.file.path.type=tablename
writer.destination.type=HDFS
```

```
writer.output.format=txt
data.publisher.type=gobblin.publisher.BaseDataPublisher

mr.job.max.mappers=1
metrics.reporting.file.enabled=true
metrics.log.dir=/gobblin-kafka/metrics
metrics.reporting.file.suffix=txt

bootstrap.with.offset=earliest
fs.uri=hdfs://localhost:8020
writer.fs.uri=hdfs://localhost:8020
state.store.fs.uri=hdfs://localhost:8020

mr.job.root.dir=/gobblin-kafka/working
state.store.dir=/gobblin-kafka/state-store
task.data.root.dir=/jobs/kafkaetl/gobblin/gobblin-kafka/task-data
data.publisher.final.dir=/gobblintest/job-output
```

运行 gobblin-mapreduce.sh：

```
gobblin-mapreduce.sh --conf kafka_to_hdfs.conf
```

运行一个 Gobblin 作业是非常简单的，LinkedIn 已经做了你需要的一切。我们建议你访问 Gobblin 文档了解更多的细节。

Kafka Connect

我们已经在前面的小节中讨论了 Kafka Connect。Kafka Connect 是指可以用来从 Kafka 导入或导出数据的 Connector。可以使用 Kafka 的 HDFS Connector 将 Kafka topic 数据复制到 HDFS。

HDFS Connector 从 Kafka 收集数据并将其写入 HDFS。我们还可以指定要使用的分区，它会将数据分成更小的 chunks（块），其中每个块将在 HDFS 中表示一个文件。让我们看看如何使用这个 Connector。

这里有一个 Kafka Connect 与生产者的例子：

```
kafka-avro-console-producer --broker-list localhost:9092 --topic test
--property
value.schema='{"type":"record","name":"peoplerecord","fields":[{"name":"
f1","type":"string"}]}'
```

运行 kafka_to_hdfs.properties：

```
name=hdfs-sink
connector.class=io.confluent.connect.hdfs.HdfsSinkConnector
tasks.max=1
topics=test
hdfs.url=hdfs://localhost:8020
flush.size=3
```

运行下面的命令：

```
connect-standalone
etc/schema-registry/connect-avro-standalone.properties
kafka_to_hdfs.properties
```

你可以在 HDFS 路径中验证，如果数据在 Kafka topic 中可用的话，那么数据将会出现在 HDFS 路径中。

Flume

Apache Flume 是一个分布式的、可靠的和容错的系统，用于从不同来源收集大量数据到一个或多个目标系统。

它主要包含三个组件：

- Source
- Channel
- Sink

Flume Agent 架构如图 7-4 所示。

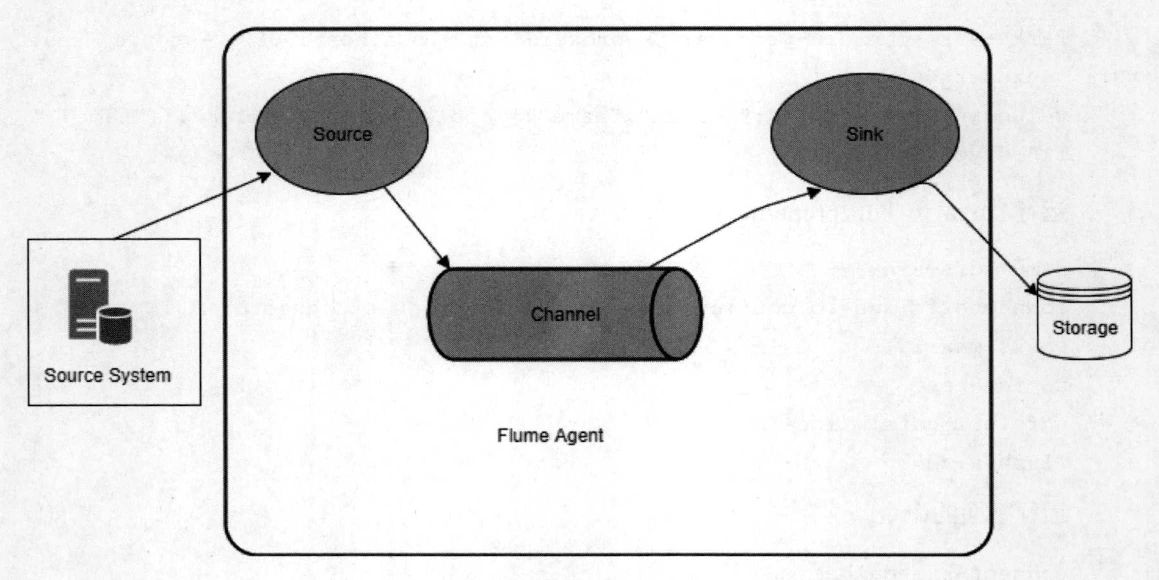

图 7-4 Flume Agent

这三个组件具体内容如下：

- Source 负责连接源系统并将数据传输到 Channel。Flume 可以连接到不同的数据源，比如服务器日志、Twitter、Facebook 等。它还为我们提供了连接到 Kafka topic 并将数据传输到 Flume 通道的灵活性。
- Channel 是数据的临时存储，根据配置将数据按源推送。Source 可以将数据推送到一个或多个 Channel，而这个 Channel 稍后会被 Sink 所消费。
- Sink 负责从 Flume 的 Channel 读取数据，并将其存储在永久存储系统中，或者将其传递给其他系统。它可以一次连接到一个 Channel。一旦数据读取被 sink 确认，Flume 将从 Channel 中删除数据。

现在，你可以想象如何使用 Flume 复制 Kafka 数据并将数据复制到 HDFS。是的，我们需要 Kafka 源（Source）、通道（Channel）和 HDFS 接收器（Sink）。Kafka 源将读取 Kafka topic 的数据，HDFS sink 将从通道读取数据，并将其存储到配置的 HDFS 位置。我们来看看下面的配置。

首先看一下 flumekafka.conf：

```
pipeline.sources = kafka1
pipeline.channels = channel1
```

```
pipeline.sinks = hdfssink

pipeline.sources.kafka1.type = org.apache.flume.source.kafka.KafkaSource
pipeline.sources.kafka1.ZookeeperConnect = zk01.example.com:2181
pipeline.sources.kafka1.topic = test
pipeline.sources.kafka1.groupId = kafkaflume
pipeline.sources.kafka1.channels = channel1
pipeline.sources.kafka1.interceptors = i1
pipeline.sources.kafka1.interceptors.i1.type = timestamp
pipeline.sources.kafka1.kafka.consumer.timeout.ms = 100

pipeline.channels.channel1.type = memory
pipeline.channels.channel1.capacity = 100000
pipeline.channels.channel1.transactionCapacity = 10000

pipeline.sinks.hdfssink.type = hdfs
pipeline.sinks.hdfssink.hdfs.path = /user/hdfspath
pipeline.sinks.hdfssink.hdfs.rollInterval = 10
pipeline.sinks.hdfssink.hdfs.rollSize = 0
pipeline.sinks.hdfssink.hdfs.rollCount = 0
pipeline.sinks.hdfssink.hdfs.fileType = DataStream
pipeline.sinks.hdfssink.channel = channel1
```

从上面配置可以看到，它提供了 Source、Channel 和 Sink 的配置。Source 将从 topic 为 test 中读取数据，Flume 将在内存通道中使用它来存储数据。Sink 将连接到内存通道并将数据移动到 HDFS。

以下配置将 Source 与 Channel 连接：

```
pipeline.sources.kafka1.channels = channel1
```

以下配置连接 Sink 和 Channel：

```
pipeline.sinks.hdfssink.channel = channel1
```

pipeline 是一个 agent 名称，可以根据你的需要更改它。一旦 agent 配置就绪，我们可以使用以下命令运行 Flume：

```
flume-ng agent pathtoflume/etc/flume-ng/conf -f flumekafka.conf -n pipeline
```

介绍 Flume 的整体架构超出了本章的范围，我们的目的是让你知道如何使用 Flume 复制 Kafka 数据到 HDFS。

总　结

本章对 Confluent Platform 和它的使用进行了简要的介绍。你了解了 Confluent Platform 的体系结构，以及 Connectors 如何使我们的工作能够更简单地将数据输入/输出 Kafka。我们还了解了 Schema Registry 如何解决数据格式问题和支持 schema 解析。我们介绍了从 Kafka 到 HDFS 的各种复制数据的方法。

在下一章中，我们将详细介绍 Kafka Connect，并将研究如何使用 Kafka 和 Kafka Connect 构建大数据管道。

第8章
使用 Kafka 构建 ETL 管道

在前一章中，我们学习了 Confluent Platform。我们详细讨论了它的体系架构并讨论了它的组件。还学习了如何使用不同的工具从 Kafka 导出数据到 HDFS。我们通过 Camus、Gobblin、Flume 和 Kafka Connect 来说明将数据传输到 HDFS 的不同方式。我们还建议你尝试在上一章中讨论过的所有工具，以了解它们是如何工作的。现在，我们将研究如何使用这些工具创建 ETL 管道，并更仔细地查看 Kafka Connect 用例和示例。

在本章中，我们将详细介绍 Kafka Connect。以下是我们将要讨论的主题：

- 在 ETL 管道中使用 Kafka
- 介绍 Kafka Connect
- Kafka Connect 架构
- 深入研究 Kafka Connect
- 介绍使用 Kafka Connect 示例
- 常见的用例

在 ETL 管道中使用 Kafka

ETL 是一个提取（Extracting）、转换（Transforming）和加载（Loading）数据到目标系统的过程，接下来我们将讨论 ETL。其次是大量的组织建立他们的数据管道。

- 抽取（Extraction）：提取是从源系统摄取数据的过程，并使其可用于进一步处理。任何预构建的工具都可以用于从源系统中提取数据。例如，为了提取服务器日志或

Twitter 数据，你可以使用 Apache Flume，或者从数据库中提取数据，你可以使用任何基于 JDBC 的应用程序，或者你可以构建自己的应用程序。将用于提取的应用程序的目标是，它不应该以任何方式影响源系统的性能。

- 转换（Transformation）：转换是指处理提取的数据并将其转换成有意义的形式。应用程序可以以两种方式消费数据：一种是基于 Pull 方式，因为数据存储在一些中间存储器，然后应用程序从这里拉取数据；另一种可能是基于 Push 的方式，Extractor 直接将数据推送到 transformers，然后应用程序再做处理。
- 加载（Loading）：一旦数据转换成有意义的形式，就必须将其加载到目标系统中以供进一步使用。加载阶段通常包括将有意义的数据加载到目标系统中。目标系统可以是任何数据库或文件或任何能够存储数据的系统。

组织（企业、政府等）正在对数据进行研究分析，以获取更多的价值。他们想对一些数据进行实时分析，在相同的数据上，他们也想做批量分析来生成其他报告。

这里有许多框架建立了实时流处理和批处理，其中一些是类似的，并且都有一些新的特性。但最大的挑战在于，没有这样一个框架，它可以为你做所有的工作：摄取和处理，并将数据导出到多个目的地以作进一步的处理，这些可以使用 ETL 不同阶段的不同框架来运行上面的工作，只需要投入维护的成本和精力。

Kafka 是一个集中式的发布-订阅消息系统，它支持执行 ETL 操作而不使用任何其他框架或工具。

让我们看看如何在 ETL 操作中使用 Kafka：

- ETL 提取操作的工作：Apache Kafka 引入了 Kafka Connect 的概念，它带有 Source 和 Sink Connectors。Source Connectors 可以从源中提取数据并将其放入 HDFS 中。Connectors 易于使用；它们可以通过改变一些配置参数来使用。
- ETL 转换操作的工作：Apache Kafka 已经变得更加强大，并添加了流处理特性。它带有 Kafka Stream，它能够处理数据流和执行诸如聚合、过滤等操作。

Kafka topic 的数据可以导出到 HDFS 来执行一些批处理。Kafka 还提供导出工具来做这样的工作。

- ETL 加载操作的工作：Kafka Connect 也带有 Export Connectors，可以将数据加载到目标系统中。例如，可以使用 JDBC Connector 将数据推送到一个支持 JDBC 的数据库，可以使用 Elastic Search Connector 将数据推送到 Elasticsearch，可以使用 HDFS Connector 将数据推送到 HDFS，你可以基于 HDFS 路径创建一个 Hive 表进行进一步处理或用于生成报告。

在下一节中，我们将看到如何使用 Kafka Connect 从源提取和加载数据到目标系统。使用 Kafka 引入 Kafka Connect，也确保我们不需要创建一个单独的服务层来为消费者提供数据。所有的消费者都保持了 Kafka 消息的偏移量，并且可以以任何他们想要的方式读取 topic 的消息。它简化了 ETL 管道问题，生产者和消费者的数量随着时间的推移而增加。通过提取、转换和将数据加载到目标系统的所有功能，Kafka 仍然是当今许多组织的首选。

介绍 Kafka Connect

Kafka Connect 用于复制数据进出 Kafka。已经有很多工具可以将数据从一个系统移动到另一个系统。你将发现很多用例，希望在相同的数据上进行实时分析和批处理分析。数据可以来自不同的源，但最终可能属于同一类别或类型。

我们可能希望将这些数据传输到 Kafka topic，然后将其传递给实时处理引擎，或将其存储以用于批处理。如果你仔细观察下面图 8-1，就知道 Kafka Connect 涉及不同的过程。

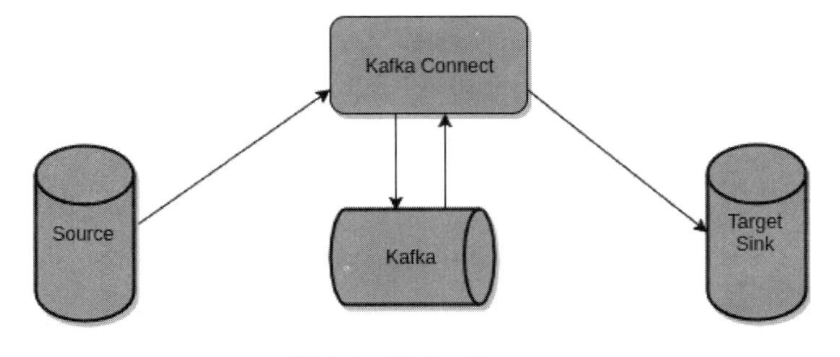

图 8-1　Kafka Connect

我们详细看一下每个组件：

- Kafka 中数据摄取来源：数据从不同的来源插入 Kafka topic，而且大多数时候，源的类型是共同的。例如，你可能希望将服务器日志插入 Kafka topic，或者将所有记录从数据库表插入 topic，或者从文件将记录插入到 Kafka 等等。你将使用 Kafka

生产者，它为你完成这项工作，或者你可以使用一些已经可用的工具。

- 消息处理：需要处理 Kafka topic 中可用的数据，以从中提取商业价值。数据可以被实时处理引擎（比如 Apache Spark、Apache Storm 等）消费。它可以存储到 HDFS、HBase 或其他存储以供以后处理。
- 复制 Kafka 数据：根据用例，Kafka 中可用的数据可以导出到多个系统。为了 ad hoc 分析，可以将其导出到 Elasticsearch。它可以存储在 HDFS 中进行批处理。Kafka 还保留了一段时间，之后 Kafka 的数据将被删除。你可能希望对 Kafka 中可用的数据进行备份，备份存储的地方可以是 HDFS 或其他文件系统。

Kafka Connect 只不过是一组预先构建的工具，可以用来将数据写入 Kafka topic，并将 Kafka topic 的数据复制到不同的外部系统。它提供了 API 来构建你自己的导入或导出工具。它也使用并行处理能力，并行复制数据。它还使用偏移量提交机制，以确保在失败时从最后离开的点开始消费数据。

深入研究 Kafka Connect

让我们进入 Kafka Connect 的架构。下面给出了 Kafka Connect 的架构图（如图 8-2 所示）。

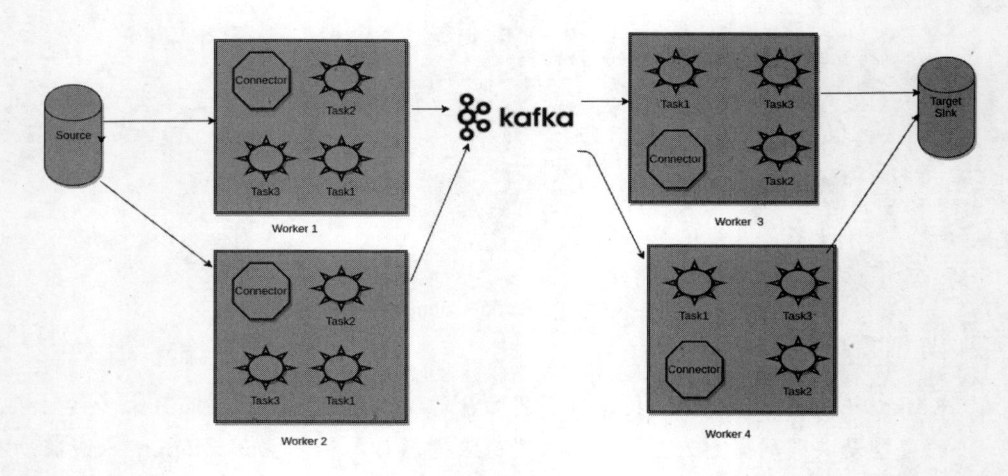

图 8-2 Kafka Connect 架构

Kafka Connect 在其设计中有三个主要的模型：

- Connector：通过定义 Connector 类和配置信息来配置 Connector。Connector 类是根据数据的源或目标定义的，这意味着数据库源和文件源将不同。然后设置这些类的配置。例如，数据库源的配置可以是数据库的 IP、连接到数据库的用户名和密码等等。Connector 创建一组任务，这些任务实际上负责从源复制数据或将数据复制到目标。Connector 有两种类型：
- Source Connector：负责从源系统摄取数据到 Kafka。
- Sink Connector：负责从 Kafka 中导出数据到一个外部系统，比如 HDFS、Elasticsearch 等。
- Worker：Workers 负责 Connector 任务的执行。它们充当 Connector 和任务的容器。Workers 是实际的 JVM 进程，它们相互协调以分发工作，并保证可伸缩性和容错。Worker 不管理进程，但是，它将任务分配给任何可用的进程。进程由资源管理工具（比如 YARN 和 Mesos）管理。
- Data：Connector 负责复制数据流从一个系统到另一个系统。我们讨论了两种 Connectors：源 Connector 和目标 Connector。无论如何，我们可能将 Kafka 作为与 Connector 一起使用的系统之一。这意味着 Connector 与 Kafka 紧密耦合。Kafka Connector 还管理流的偏移量。在任何失败时，偏移量允许 Connector 从最后一个故障点恢复操作。偏移量类型根据我们使用的 Connector 类型而有所不同。例如，数据库的偏移量可以是一些唯一的记录标识符，文件偏移量可以是一个分隔符等等。Kafka Connector 还提供数据格式转换器，允许你将数据从一种格式转换为另一种格式。它还支持与 Schema Registry 集成。

介绍使用 Kafka Connect 示例

Kafka Connect 为我们提供了各种 Connectors，我们可以根据自己的用例需求来使用 Connectors。它还提供了一个 API，可用于构建自己的 Connector。我们将在本书中介绍几个基本的例子。我们已经在 Ubuntu 机器上测试了代码。可以从 Confluent 网站下载 Confluent Platform 的 tar 文件：

- Import 或 Source Connector：这用于将源系统中的数据输入 Kafka。在 Confluent Platform 中已经有一些内置的 Connectors。

- Export 或 Sink Connector：这是用于从 Kafka topic 导出数据到外部源。让我们来看看一些用于实际用例的 Connectors。
- JDBC Source Connector：可以使用 JDBC Connector 将数据从任何支持 JDBC 的系统拉到 Kafka。

让我们看一下如何使用：

1. 安装 SQLite：

```
sudo apt-get install sqlite3
```

2. 启动 console：

```
sqlite3 packt.db
```

3. 创建一个数据库表，并插入记录：

```
sqlite> CREATE TABLE authors(id INTEGER PRIMARY KEY AUTOINCREMENT NOT NULL,
name VARCHAR(255));
sqlite> INSERT INTO authors(name) VALUES('Manish');
sqlite> INSERT INTO authors(name) VALUES('Chanchal');
```

4. 修改 source-quickstart-sqlite.properties 文件：

```
name=jdbc-test
connector.class=io.confluent.connect.jdbc.JdbcSourceConnector
tasks.max=1
connection.url=jdbc:sqlite:packt.db
mode=incrementing
incrementing.column.name=id
topic.prefix=test-
```

5. 在 connection.url 配置中，值 packt.db 是指你的 packt.db 文件的路径。提供.db 文件的完整的路径。一旦一切准备就绪，运行以下命令执行 Connector 脚本：

```
./bin/connect-standalone
```

```
etc/schema-registry/connect-avro-standalone.properties
etc/kafka-connect-jdbc/source-quickstart-sqlite.properties
```

6. 一旦脚本执行成功，你可以使用下面的命令检查输出结果：

```
./bin/kafka-avro-console-consumer    --new-consumer    --bootstrap-server
localhost:9092 --topic test-authors --from-beginning
```

最后将看到如图 8-3 所示的输出结果。

```
SLF4J: Class path contains multiple SLF4J bindings.
SLF4J: Found binding in [jar:file:/home/chanchal/projects/confluent-3.2.2/share/ja
StaticLoggerBinder.class]
SLF4J: Found binding in [jar:file:/home/chanchal/projects/confluent-3.2.2/share/ja
aticLoggerBinder.class]
SLF4J: See http://www.slf4j.org/codes.html#multiple_bindings for an explanation.
SLF4J: Actual binding is of type [org.slf4j.impl.Log4jLoggerFactory]
{"id":1,"name":{"string":"Manish"}}
{"id":2,"name":{"string":"Chanchal"}}
```

图 8-3　输出结果

确保你在运行这个 demo 之前，已经启动了 Zookeeper、Kafka Server 和 Schema Registry。

JDBC Sink Connector：该 Connector 用于从 Kafka topic 导出数据到任何支持 JDBC 的外部系统。

让我们看一下如何使用：

1. 配置 sink-quickstart-sqlite.properties：

```
name=test-jdbc-sink
connector.class=io.confluent.connect.jdbc.JdbcSinkConnector
tasks.max=1
topics=authors_sink
connection.url=jdbc:sqlite:packt_authors.db
auto.create=true
```

2. 运行生产者：

```
bin/kafka-avro-console-producer --broker-list localhost:9092 --topic
authors_sink --property
value.schema='{"type":"record","name":"authors","fields":[{"name":"id","
type":"int"},{"name":"author_name","type":"string"},{"name":"age","type"
:"int"},{"name":"popularity_percentage","type":"float"}]}'
```

3. 运行 Kafka Connect Sink：

```
./bin/connect-standalone
etc/schema-registry/connect-avro-standalone.properties
etc/kafka-connect-jdbc/sink-quickstart-sqlite.properties
```

4. 插入记录到生产者：

```
{"id": 1, "author_name": "Chanchal", "age": 26, "popularity_percentage": 60}
{"id": 2, "author_name": "Manish", "age": 32, "popularity_percentage": 80}
```

5. 运行 sqlite：

```
sqlite3 packt_authors.db
select * from authors_sink;
```

你将在表中看到如图 8-4 所示的输出。

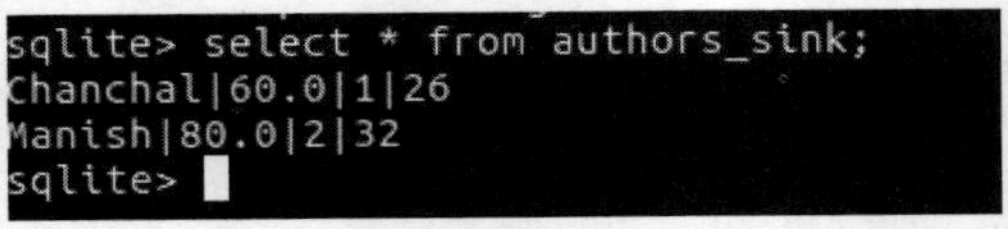

```
sqlite> select * from authors_sink;
Chanchal|60.0|1|26
Manish|80.0|2|32
sqlite>
```

图 8-4 输出

现在我们了解了 Kafka Connect 如何用于从 Kafka 中提取和加载数据到数据库中，以及从数据库抽取和加载数据到 Kafka。

Kafka Connect 本身并不是一个 ETL 框架，但是它可以是一个 ETL 管道的一部分，在那里可以使用 Kafka。我们的目的是关注 Kafka Connect 如何在 ETL 管道中使用，以及如何使用它从 Kaka 导入或导出数据。

Kafka Connect 常见的用例

你已经详细了解了 Kafka Connect。我们知道 Kafka Connect 是用来复制数据进出 Kafka。让我们了解一些 Kafka Connect 常见案例：

- 拷贝数据到 HDFS：用户希望基于各种原因将 Kafka topic 的数据复制到 HDFS。一些人想把它复制到 HDFS 上，只是为了备份历史数据，其他人可能想把它复制到 HDFS 中进行批处理。但是，已经有许多可用的开源工具，例如 Camus、Gobblin、Flume 等等，但是维护、安装和运行这些工作需要比 Kafka Connect 花费更多的努力。Kafka 将数据从 topic 中并行地复制，并能够在需要时进行扩展。
- 复制：将 Kafka topic 从一个集群复制到另一个集群也是 Kafka Connect 提供的一个流行的特性。出于各种原因，你可能想要复制 topic，例如从本地移到 cloud 或者 cloud 移到本地，从一个供应商换到另一个，升级 Kafka 集群，退役旧的 Kafka 集群，处理灾难管理等等。另一个用例可能是你想要从许多 Kafka 集群中获取数据到一个单独集中的 Kafka 集群，以便更好地管理和优化数据的使用。
- 导入数据库记录：数据库中可用的记录可以用于各种分析目的。我们之前讨论过，同样的记录可以用于实时分析和批处理分析。数据库记录存储在同一个表名的 topic 中。然后将这些记录传递给处理引擎以进行进一步处理。
- 导出 Kafka 记录：在某些情况下，存储在 Kafka 中的数据已经被处理，人们想要在数据上做一些汇总或求和的工作。在这种情况下，他们希望将这些记录存储在数据库中，以利用 RDBMS 提供的强大功能。Kafka 记录可以导出到快速的 ad hoc 搜索引擎（如 Elasticsearch），为了更好的用例。

你还可以使用 Kafka Connect 来开发自己的 Connector，以便从 Kafka 导入或导出数据。但是使用 API 构建 Connectors 超出了本书的范围，请你参阅相关资料。

总　结

在这一章中，我们详细了解了 Kafka Connect。我们还了解了为了建立一个 ETL 管道，如何探索 Kafka。我们介绍了 JDBC 导入和导出 Connector 的示例，让你了解它是如何工作的。我们希望你能够实际运行这个程序，以便更深入地了解运行 Connectors 时发生的情况。

在下一章中，你将详细了解 Kafka Stream，还将看到如何使用 Kafka Stream API 来构建我们自己的流应用程序。我们将详细讨论 Kafka Stream API，并把重心放在它的优点上。

第9章 使用 Kafka Streams 构建流应用程序

在前一章中，你了解了 Kafka Connect，以及它如何在导入和导出 Kafka 的数据时使用户的工作变得简单。你还了解了 Kafka Connect 如何在 ETL 管道中用作提取和加载处理器。在本章中，我们将关注 Kafka Stream，它是一个轻量级 streaming 库，用于开发与 Kafka 一起工作的流应用程序。在 ETL 阶段，Kafka Stream 可以作为一个转换器。

我们将在本章中讨论以下主题：

- 介绍 Kafka Stream
- Kafka Stream 架构
- 使用 Kafka Stream 优势
- 介绍 KStream 和 KTable
- 用例

介绍 Kafka Streams

数据处理策略随着时间的推移而演变，它仍然在以不同的方式使用着。以下是与 Kafka Streams 相关的术语：

- Request/response（请求/响应）：在这种类型的处理中，你发送单个请求。这是作为请求数据发送的，服务器处理它并返回响应数据。你可以拿 REST 服务器为例，在此示例中处理请求，并在处理后将响应发送给客户端。处理可能涉及到过滤、清理、聚合或查找操作。扩展这样的处理引擎需要添加更多的服务来处理流量的增加。

- Batch processing（批处理）：这是一个批量发送有界输入数据集的过程，处理引擎在处理后批量发送响应。在批处理中，数据已经在文件或数据库中可用。Hadoop MapReduce 是批处理模型的一个很好的例子。通过向集群添加更多的处理节点，可以提高吞吐量；然而，在批处理作业中实现低延迟是非常具有挑战性的。输入数据的来源和处理引擎是松散耦合的，因此，生产输入数据和处理数据的时间差异可能会很大。
- Stream processing（流处理）：数据流从源系统生成后立即被处理。数据以流的形式传递给 Stream 应用程序。流是无界的有序数据集。流处理帮助你实现低延迟，因为一旦数据来自源，就会得到处理后的数据结果。

> 当涉及到流处理时，你可能需要权衡延迟、成本和正确性。例如，如果你想开发一个欺诈分析应用程序，你将更关注延迟和正确性，而不是成本。类似地，如果你只是执行一个数据流的 ETL，你可能不关心此情况下的延迟，你将寻找更正确的方法。

在流处理中使用 Kafka

Kafka 是数据的持久化队列，其数据是按照时间戳排序存储的。Kafka 的以下特性允许它在大多数流架构中占据一席之地：

- 持久化队列和松耦合：Kafka 将数据存储在 topic 中，这些数据按顺序存储。数据生产者不用等待处理数据的应用程序的响应。它只是将数据放入 Kafka 队列中，处理应用程序从 Kafka 队列中消费数据并处理。
- 容错：即使一个或两个 brokers 失败，存储在 Kafka 中的数据也不会丢失。这是因为 Kafka 在多个 brokers 中复制 topic 分区，因此如果一个 broker 失败，将从保存副本的其他 broker 中提供数据服务。它有能力提供数据流，而不需要长时间的延迟，这是流处理应用程序的关键部分。Kafka 还允许用户根据他们的需求读取消息，这意味着你可以从头开始读，也可以通过提供消息的偏移量从任何地方读取信息。
- 逻辑排序：数据排序对于一些关键的流应用程序非常重要。Kafka 按时间戳顺序存储数据。欺诈分析等应用程序将无法承担无序的数据带来的成本。流应用程序能够以消息写入 Kafka topic 分区时的顺序来有序地读取消息。

- 可扩展性：Kafka 具有按需要扩展的能力。我们需要做的就是在 Kafka 集群中添加更多的 broker 节点。你不需要关心你的数据源将来是否会以指数形式增长，或者是否有更多的应用程序希望对多个用例使用相同的数据。数据在 Kafka 中是可用的，任何应用程序都可以从这里读取数据。

Apache Kafka 可以很容易地集成到任何流处理应用程序中。

流处理应用程序，如 Spark、Storm 或 Flink，提供了非常好的 API，用来将 Kafka 与它们集成。这个流处理框架为构建应用程序提供了一个很好的特性，但是涉及到一些成本和复杂性。在运行应用程序之前，你需要先设置特定的集群。你还需要维护集群以识别任何问题、优化应用程序或检查集群的健康。

Kafka Stream —— 轻量级流处理库

Kafka Stream 是一个轻量级的流处理库，它与 Kafka 紧密耦合。它不需要任何集群设置或任何其他操作成本。我们将讨论任何流处理应用程序应该保持的特性，以及 Kafka Stream 如何提供这些特性。

在开始本章之前，我们建议你了解 Apache Kafka 的概念。你应该了解关于 Apache Kafka 的 producer（生产者）、consumer（消费者）、topic（主题）、parallelism（并发度）、broker 和其他概念，以便更好地理解 Kafka Stream。

以下是 Kafka Stream 为你提供的一些重要特性，以便构建健壮可靠的流处理应用程序：

- 排序（Ordering）：Kafka 在 topic 分区中存储消息/数据。分区以时间戳的顺序存储数据。这意味着 topic 分区中的数据是有序的。Kafka Stream 利用 Kafka 的功能并按顺序消费数据。排序处理很容易实现，因为 Kafka 还在 topic 分区中存储时间戳。你可以使用这个时间戳属性对任何形式的数据进行重新排序。
- 状态管理（State management）：在流处理应用程序中维护状态，对于一些依赖状态的应用程序来说也是非常重要的。数据处理可能需要访问最近处理过的数据或导出的数据，因此保持数据的状态尽可能接近处理是一个好主意。

这里有两种维护状态的方法：

1. 远程状态（Remote state）：状态保存在第三方存储数据库中，应用程序需要连接到数据库以获取记录的状态。许多大型的流应用程序使用这种方法来维护状态，但是这将造成高的延迟，因为访问状态是远程的，并且依赖于网络带宽和可用性。

2. 本地状态（Local state）：在应用程序实例运行的同一台机器上维护状态。这允许快速访问记录状态，做到更好的时效性，因为不需要远程读写。

Kafka Stream 提供了一个更强大的特性，即使用本地状态管理技术维护状态。它在应用程序的每个运行实例上维护本地状态。这些本地状态是全局状态的碎片。Kafka Stream 实例只处理 Kafka topic 分区的非重叠子集。

- 容错（Fault tolerance）：容错是流处理应用程序中一个非常常见和重要的特性。任何实例的失败不应影响应用程序的处理。Kafka Stream 在一些 topic 中保持状态的变化。如果任何实例失败，它将在其他工作实例中重新启动进程，并在内部执行负载平衡。
- 时间和窗口（Time and window）：时间是指记录的事件时间（event time）和处理时间。事件时间是记录产生或生成的时间，而处理时间是记录实际处理的时间。

当记录被处理后，不管事件时间如何，数据都可能被处理掉。Kafka Stream 支持窗口概念，即每个记录都与时间戳相关联，这有助于事件或记录的顺序处理。它还帮助我们处理延迟到达的数据和有效地更改日志。

- 分区和可伸缩性：Kafka Stream 利用了数据并行处理的能力。相同应用程序的多个实例处理 Kafka topic 分区的非重叠子集。请记住，Kafka 中的分区数量是处理并行性的关键。

Kafka Stream 应用程序很容易扩展。只需要多请求一些实例，它就会自动为你进行负载均衡。

- 再处理：这是一种从任何点都可以重新处理记录的能力。有时你可能会发现应用程序逻辑丢失了，或者有一个 bug 迫使你重写逻辑，或者修改现有代码并重新处理数据。Kafka Stream 可以通过简单地重新设置 Kafka topic 中的偏移量来重新处理记录。

Kafka Stream 架构

Kafka Streams 内部使用 Kafka 生产者和消费者库。它与 Apache Kafka 紧密耦合，允许你利用 Kafka 的功能来实现数据并行性、容错性和许多其他强大的功能。

在本节中，我们将讨论 Kafka Stream 是如何在内部工作的，以及使用 Kafka Stream 构建流应用程序的不同组件是什么。下面图 9-1 是 Kafka Stream 架构的内部工作流程。

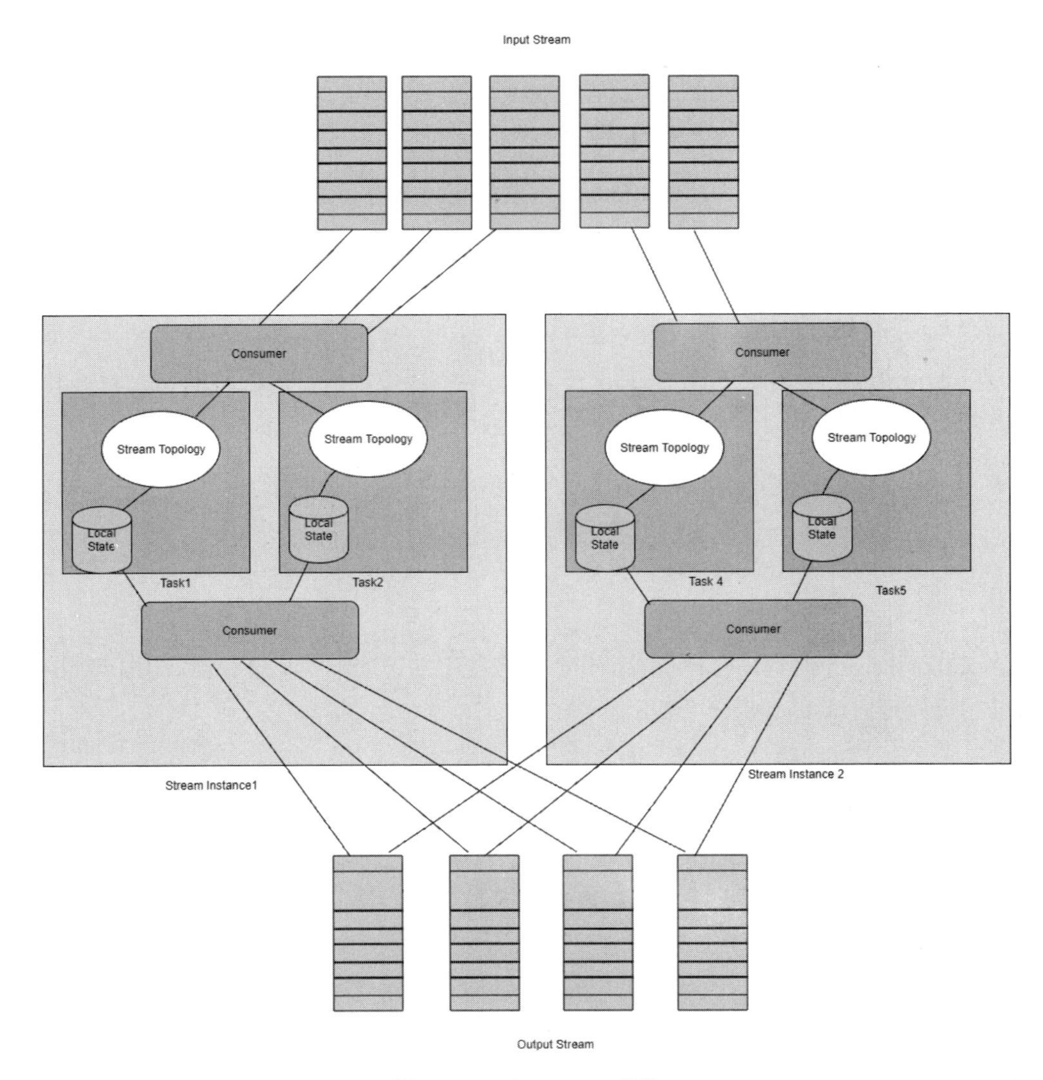

图 9-1　Kafka Stream 架构

流实例（Stream Instance）由多个任务（Tasks）组成，每个任务处理记录的非重叠子集。如果你希望提高并行性，可以简单地添加更多的实例，Kafka Stream 将在不同的实例中自动分发工作。

我们来讨论一下上面的图中所看到的几个重要的组件：

- Stream topology：在 Kafka Stream 中的 Stream topology 有点类似于 Apache Storm 的拓扑结构。该拓扑由 Stream processor 节点组成，它们相互连接以执行所需要的计算。

Stream topology 包含三种类型的 processors：

1. Source processor：负责从源 topic 中消费记录，并将记录转发到下游 processor。它没有任何上游 processor，这意味着它是 Stream topology 中的第一个节点或 processor。

2. Stream processor：负责计算数据。数据转换的逻辑由 Stream processor 处理。在一个简单的拓扑中可以有多个这样的 processors。

3. Sink processor：它负责从 Stream processors 中消费数据，然后将其写入目标 topic 或系统。它是拓扑中的最后一个 processor，意味着它没有任何下游 processor。

- Local state：Kafka Stream 为应用程序的每个实例维护一个本地状态。它提供了两种类型的操作：一个是无状态的操作，另一个是有状态的操作。它类似于 Spark 中 transformations 和 actions 的概念。无状态操作等价于 transformations，有状态操作等价于 actions。

当 Kafka Stream 遇到任何有状态操作时，它创建并管理本地状态存储。用于状态存储的数据结构可以是内部 map 或一个 DB。

- Record cache：Kafka Stream 在将数据存储到本地状态或将其转发到任何下游之前缓存数据。缓存有助于提高本地状态存储的读写性能。它可以用作回写（write-back）缓冲区或读缓冲区。它还允许你将记录批量发送到本地状态存储，这大大减少了写入——写入请求对本地状态存储的调用。

集成框架的优势

Kafka Stream 与 Apache Kafka 紧密集成。它提供了一系列的 API，并提供了强大的特性来构建流处理应用程序。如果你使用 Kafka 作为数据的集中式存储层，并希望对其进行流处理，那么应该首选使用 Kafka Stream，原因如下：

- 部署：使用 Kafka Stream 构建的应用程序不需要集群额外的设置来运行。它可以从单节点机器或笔记本电脑中运行。与其他处理工具（如 Spark、Storm 等）相比，这是一个巨大的优势，它要求集群在运行应用程序之前就已经准备好了。Kafka Stream 使用 Kafka 的生产者和消费者库。

如果你希望增加并行度，你只需要添加更多的应用程序实例，Kafka Stream 将为你实现自动负载均衡。仅仅因为 Kafka Stream 是框架自由的，并不意味着 Kafka Stream 就不需要 Kafka；Kafka Stream 与 Kafka 紧密耦合，如果没有 Kafka 集群的运行，它将无法工作。在编写流应用程序时，需要指定 Kafka 集群的详细信息。

- 简单和容易的特性：与其他流应用程序相比，开发 Kafka Stream 应用程序很容易。Kafka Stream 简单地从 Kafka topic 读取数据，并将数据输出到 Kafka topic。流分区类似于 Kafka 分区流，它也适用于它们。流应用程序只是作为另一个消费者，它利用 Kafka 的消费者偏移量管理的功能；它在 Kafka topic 中维护状态和其他计算，因此不需要外部依赖的系统。
- 协调和容错：Kafka Stream 不依赖于任何资源管理器或第三方应用程序来协调。当添加新实例或旧实例失败时，它将使用 Kafka 集群作为负载均衡应用程序。在负载均衡失败的情况下，relievers 会自动从 broker 接收一个新的分区集去处理。

理解 Tables 和 Streams

在开始讨论表和流之前，让我们了解一下在 Java 中使用 Kafka Stream API 编写的一个单词计数程序的简单代码，然后将研究 KStream 和 KTable 的概念。前面一直在讨论 Kafka Stream 的概念；在本节中，我们将讨论 KStream、KTable 以及它们的内部细节。

Maven 依赖

Kafka Stream 应用程序可以从任何地方运行。你只需要添加库依赖，然后开始开发你的程序。这里使用 Maven 来构建我们的应用程序。正如之前所说的，要在项目中添加以下依赖项：

```
<!-- https://mvnrepository.com/artifact/org.apache.kafka/kafka-streams
-->
<dependency>
   <groupId>org.apache.kafka</groupId>
   <artifactId>kafka-streams</artifactId>
   <version>0.10.0.0</version>
</dependency>
```

Kafka Stream 单词计数

下面的代码是一个使用 Stream API 构建的简单的单词计数程序。我们将讨论在这个程序中使用的重要 API，并讨论它们的使用方式：

```
import org.apache.kafka.common.serialization.Serde;
import org.apache.kafka.common.serialization.Serdes;
import org.apache.kafka.streams.KafkaStreams;
import org.apache.kafka.streams.KeyValue;
import org.apache.kafka.streams.StreamsConfig;
import org.apache.kafka.streams.kstream.KStream;
import org.apache.kafka.streams.kstream.KStreamBuilder;

import java.util.Arrays;
import java.util.Properties;

public class KafkaStreamWordCount {
   public static void main(String[] args) {
       Properties KafkaStreamProperties = new Properties();
       KafkaStreamProperties.put(StreamsConfig.APPLICATION_ID_CONFIG,
"Kafka-Stream-WordCount");
       KafkaStreamProperties.put(StreamsConfig.BOOTSTRAP_SERVERS_CONFIG,
"localhost:9092");
       KafkaStreamProperties.put(StreamsConfig.ZOOKEEPER_CONNECT_CONFIG,
"localhost:2181");
       KafkaStreamProperties.put(StreamsConfig.KEY_SERDE_CLASS_CONFIG,
Serdes.String().getClass().getName());
       KafkaStreamProperties.put(StreamsConfig.VALUE_SERDE_CLASS_CONFIG,
Serdes.String().getClass().getName());
```

```
        Serde<String> stringSerde = Serdes.String();
        Serde<Long> longSerde = Serdes.Long();

        KStreamBuilder StreamTopology = new KStreamBuilder();

        // KStream to read data from input topic
        KStream<String, String> topicRecords =
StreamTopology.stream(stringSerde, stringSerde, "input");
        KStream<String, Long> wordCounts = topicRecords.flatMapValues(value
-> Arrays.asList(value.toLowerCase().split("\\W+")))
                .map((key, word) -> new KeyValue<>(word, word))
                .countByKey("Count")
                .toStream();

        // Store wordcount result in wordCount topic
        wordCounts.to(stringSerde, longSerde, "wordCount");

        KafkaStreams StreamManager = new KafkaStreams(StreamTopology,
KafkaStreamProperties);

        // Run Stream job
        StreamManager.start();

        Runtime.getRuntime().addShutdownHook(new
Thread(StreamManager::close));

    }
}
```

上面这段应用程序代码是从定义 Kafka 的配置集合开始的，Kafka Stream 提供了两个重要的抽象：一个是 KStream，另一个是 KTable。

KStream 是 Kafka topic 记录的 key-value（键-值）对记录流的抽象。在 KStream 中，每条记录都是独立的，这意味着一个带有 key 值的记录不能替换具有相同 key 值的旧记录。KStream 可以通过以下两种方式创建：

- 使用 Kafka 的 topic：任何 Kafka Stream 应用程序都是从 KStream 开始的，它从 Kafka topic 中消费数据。如果你查看前面的程序，下面的一行代码将创建 KStream topicRecords，它将从 topic 为“input”中消费数据：

```
KStream<String, String> topicRecords = StreamTopology.stream(stringSerde,
stringSerde, "input");
```

- 使用 transformation（转换）：通过在已经存在的 KStream 上执行 transformation 可以创建另外一个 KStream。如果你查看前面的程序，你将看到有 transformation 的操作，比如 flatMapValues 和 map，它们被使用在 KStream topicRecords 上面。KStream 也可以通过将 KTable 转换为 KStream 这种方式创建。同样在上面的示例中，countByKey 将会创建 KTable Count，接着我们使用 toStream()将 KTable 转换为 KStream，如图 9-2 所示。

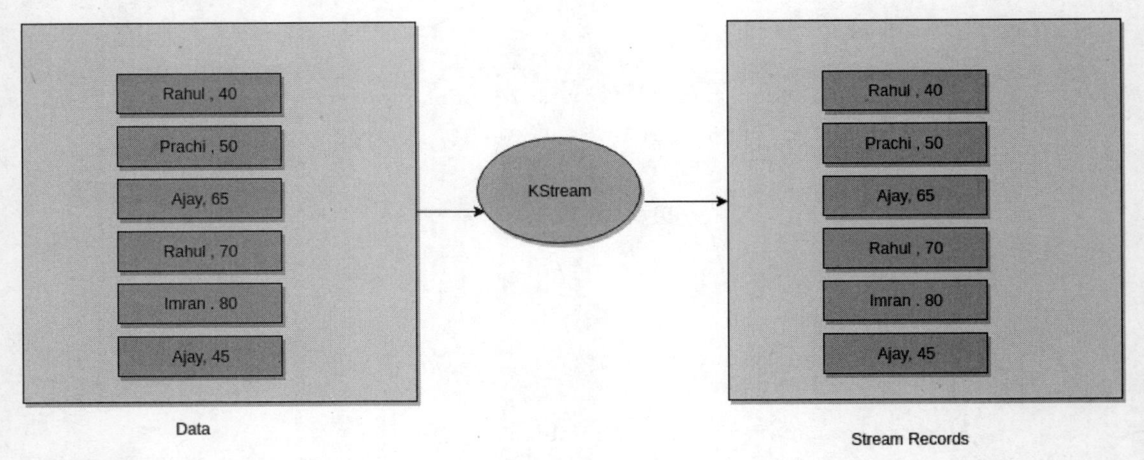

图 9-2　KStream 记录展示

KTable

KTable 是 Changelog 的一种展示，它不会包含两次相同 key 的记录。这意味着，如果 KTable 在表中遇到与此 key 相同的记录，它将简单地用当前记录替换旧记录。

如果 KStream 的前一个图中表示的相同记录被转换为 KTable，那么它将是这样的（如图 9-3 所示）。

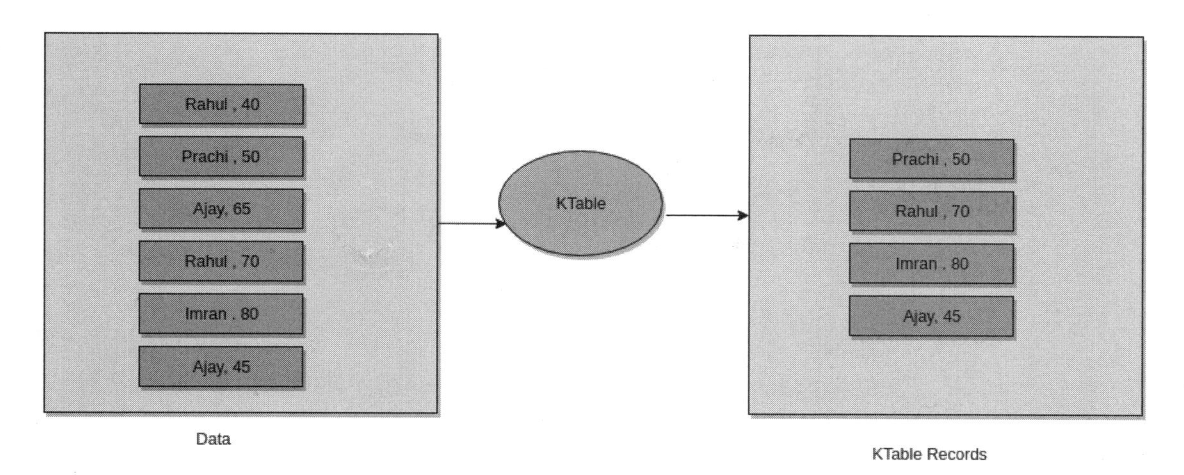

图 9-3　KTable 记录展示

在上面的图中，你可以看到 Rahul 和 Ajay 的记录已经更新，旧的条目已经被删除。KTable 类似于 Map 中的 update 操作。当插入重复 key 时，旧值将被新值替换。我们可以在 KTable 上执行各种操作，并将其连接到其他 KStream 或 KTable 实例上。

Kafka Stream 使用案例

我们将采用在第 5 章（集成 Kafka 构建 Spark Streaming 应用）和第 6 章（集成 Kafka 构建 Spark Storm 应用）中使用的 IP 欺诈检测的相同示例。让我们从如何使用 Kafka Stream 构建相同的应用程序开始。当然我们首先还是得从代码开始，以生产者为例，相关的代码可以在第 6 章（集成 Kafka 构建 Spark Storm 应用）中找到，这里也可以使用它。

Kafka Streams 的 Maven 依赖

Kafka Stream 最好的部分就是它不需要任何额外的依赖，除了 Stream 库。下面在 pom.xml 文件中添加依赖项：

```
<?xml version="1.0" encoding="UTF-8"?>
<project xmlns="http://maven.apache.org/POM/4.0.0"
         xmlns:xsi="http://www.w3.org/2001/XMLSchema-instance"
```

```
        xsi:schemaLocation="http://maven.apache.org/POM/4.0.0
http://maven.apache.org/xsd/maven-4.0.0.xsd">
    <modelVersion>4.0.0</modelVersion>

    <groupId>com.packt</groupId>
    <artifactId>kafkastream</artifactId>
    <version>1.0-SNAPSHOT</version>
    <build>
        <plugins>
            <plugin>
                <groupId>org.apache.maven.plugins</groupId>
                <artifactId>maven-compiler-plugin</artifactId>
                <configuration>
                    <source>1.8</source>
                    <target>1.8</target>
                </configuration>
            </plugin>
        </plugins>
    </build>
    <dependencies>
        <!--
https://mvnrepository.com/artifact/org.apache.kafka/kafka-streams -->
        <dependency>
            <groupId>org.apache.kafka</groupId>
            <artifactId>kafka-streams</artifactId>
            <version>0.10.0.1</version>
        </dependency>

    </dependencies>

</project>
```

reader 属性

我们将使用和第 6 章（集成 Kafka 构建 Spark Storm 应用）相同的属性配置文件和 reader 属性，但是有一些变化。Kafka Stream 将从 topic 名称为“iprecord”中读取记录数据，并把生产者生成的输出数据写入到“fraudIp”的 topic 中（streaming.properties）：

```
topic=iprecord
```

```
broker.list=localhost:9092
output_topic=fraudIp
```

reader 属性的类为：

```
package com.packt.kafka.utils;
import java.io.FileNotFoundException;
import java.io.IOException;
import java.io.InputStream;
import java.util.Properties;

public class PropertyReader {
   private Properties prop = null;

   public PropertyReader() {
      InputStream is = null;
      try {
         this.prop = new Properties();
         is                                                          =
this.getClass().getResourceAsStream("/streaming.properties");
         prop.load(is);
      } catch (FileNotFoundException e) {
         e.printStackTrace();
      } catch (IOException e) {
         e.printStackTrace();
      }
   }

   public String getPropertyValue(String key) {
      return this.prop.getProperty(key);
   }
}
```

IP 记录生产者

另外，生产者也是与我们在第 5 章（集成 Kafka 构建 Spark Streaming 应用）和第 6 章（集成 Kafka 构建 Spark Storm 应用）使用的一样，使用随机 IP 生成记录。如果 topic 不存在，那么这个生产者会自动创建 topic。下面是运行的代码：

```
package com.packt.kafka.producer;
```

```
import com.packt.kafka.utils.PropertyReader;
import org.apache.kafka.clients.producer.KafkaProducer;
import org.apache.kafka.clients.producer.ProducerRecord;
import org.apache.kafka.clients.producer.RecordMetadata;

import java.io.BufferedReader;
import java.io.IOException;
import java.io.InputStreamReader;
import java.util.*;
import java.util.concurrent.Future;

public class IPLogProducer extends TimerTask {
    static String path = "";
    public BufferedReader readFile() {
        BufferedReader bufferedReader = new BufferedReader(
                new
InputStreamReader(this.getClass().getResourceAsStream("/IP_LOG.log")));
        return bufferedReader;
    }

    public static void main(String[] args) {
        Timer timer = new Timer();
        timer.schedule(new IPLogProducer(), 3000, 3000);
    }

    private String getNewRecordWithRandomIP(String line) {
        Random r = new Random();
        String ip = r.nextInt(256) + "." + r.nextInt(256) + "." +
                r.nextInt(25) + "." + r.nextInt(256);
        String[] columns = line.split(" ");
        columns[0] = ip;
        return Arrays.toString(columns);

    }

    @Override
    public void run() {
        PropertyReader propertyReader = new PropertyReader();
        Properties producerProps = new Properties();
```

```
        producerProps.put("bootstrap.servers",
propertyReader.getPropertyValue("broker.list"));
        producerProps.put("key.serializer",
"org.apache.kafka.common.serialization.StringSerializer");
        producerProps.put("value.serializer",
"org.apache.kafka.common.serialization.StringSerializer");
        producerProps.put("auto.create.topics.enable", "true");

        KafkaProducer<String, String> ipProducer = new KafkaProducer<String,
String>(producerProps);

        BufferedReader br = readFile();
        String oldLine = "";
        try {
            while ((oldLine = br.readLine()) != null) {
                String                          line                          =
getNewRecordWithRandomIP(oldLine).replace("[","").replace("]","");
                ProducerRecord    ipData    =    new    ProducerRecord<String,
String>(propertyReader.getPropertyValue("topic"), line);

                Future<RecordMetadata>          recordMetadata               =
ipProducer.send(ipData);
            }
        } catch (IOException e) {
            e.printStackTrace();
        }

        ipProducer.close();

    }
}
```

我们可以通过生产者的控制台验证生产者记录，在 Kafka 集群上运行以下命令：

```
kafka-console-consumer.sh  --zookeeper  localhost:2181  --topic  iprecord
--from-beginning
```

请记住，我们可以通过随机更改 IP 地址来生成多个记录。你将能够看到如图 9-4 所示的记录。

```
Using the ConsoleConsumer with old consumer is deprecated and will be removed in a future major release. Consider using the new consumer
sing [bootstrap-server] instead of [zookeeper].
49.10.237.128, -, -, 07/Mar/2004:16:05:49, -0800, "GET, /twiki/bin/edit/Main/Double_bounce_sender?topicparent=Main.ConfigurationVariables
/1.1", 401, 12846
169.100.71.241, -, -, 07/Mar/2004:16:06:51, -0800, "GET, /twiki/bin/rdiff/TWiki/NewUserTemplate?rev1=1.3&rev2=1.2, HTTP/1.1", 200, 4523
90.131.75.45, -, -, 07/Mar/2004:16:10:02, -0800, "GET, /mailman/listinfo/hsdivision, HTTP/1.1", 200, 6291
58.202.218.174, -, -, 07/Mar/2004:16:11:58, -0800, "GET, /twiki/bin/view/TWiki/WikiSyntax, HTTP/1.1", 200, 7352
202.63.36.26, -, -, 07/Mar/2004:16:20:55, -0800, "GET, /twiki/bin/view/Main/DCCAndPostFix, HTTP/1.1", 200, 5253
18.250.52.72, -, -, 07/Mar/2004:16:23:12, -0800, "GET, /twiki/bin/oops/TWiki/AppendixFileSystem?template=oopsmore&param1=1.12&param2=1.12
/1.1", 200, 11382
59.90.177.88, -, -, 07/Mar/2004:16:24:16, -0800, "GET, /twiki/bin/view/Main/PeterThoeny, HTTP/1.1", 200, 4924
0.64.150.25, -, -, 07/Mar/2004:16:29:16, -0800, "GET, /twiki/bin/edit/Main/Header_checks?topicparent=Main.ConfigurationVariables, HTTP/1.
1, 12851
76.148.132.191, -, -, 07/Mar/2004:16:30:29, -0800, "GET, /twiki/bin/attach/Main/OfficeLocations, HTTP/1.1", 401, 12851
139.133.221.180, -, -, 07/Mar/2004:16:31:48, -0800, "GET, /twiki/bin/view/TWiki/WebTopicEditTemplate, HTTP/1.1", 200, 3732
67.44.110.109, -, -, 07/Mar/2004:16:32:50, -0800, "GET, /twiki/bin/view/Main/WebChanges, HTTP/1.1", 200, 40520
55.24.117.232, -, -, 07/Mar/2004:16:33:53, -0800, "GET, /twiki/bin/edit/Main/Smtpd_etrn_restrictions?topicparent=Main.ConfigurationVariab
TTP/1.1", 401, 12851
122.232.93.84, -, -, 07/Mar/2004:16:35:19, -0800, "GET, /mailman/listinfo/business, HTTP/1.1", 200, 6379
139.232.241.115, -, -, 07/Mar/2004:16:36:22, -0800, "GET, /twiki/bin/rdiff/Main/WebIndex?rev1=1.2&rev2=1.1, HTTP/1.1", 200, 46373
98.74.200.147, -, -, 07/Mar/2004:16:37:27, -0800, "GET, /twiki/bin/view/TWiki/DontNotify, HTTP/1.1", 200, 4140
48.220.6.25, -, -, 07/Mar/2004:16:39:24, -0800, "GET, /twiki/bin/view/Main/TokyoOffice, HTTP/1.1", 200, 3853
220.105.174.45, -, -, 07/Mar/2004:16:43:54, -0800, "GET, /twiki/bin/view/Main/MikeMannix, HTTP/1.1", 200, 3686
```

图 9-4　多个记录

IP 查询服务

如前所述，查找服务在第 5 章（集成 Kafka 构建 Spark Streaming 应用）和第 6 章（集成 Kafka 构建 Spark Storm 应用）中已经使用过。需要注意的是，这是在通过接口创建的内存中查找，所以你可以通过简单地为 isFraud()提供实现来添加自己的查找服务。

IP scanner 接口看起来如下所示：

```
package com.packt.kafka.lookup;

public interface IIPScanner {
   boolean isFraudIP(String ipAddresses);
}
```

我们保持在内存中的 IP 查找非常简单，以实现应用程序的交互式执行。这个查找服务将扫描 IP 地址，并通过比较 IP 地址的前 8 位来检测是否为欺诈记录：

```
package com.packt.kafka.lookup;

import java.io.Serializable;
import java.util.HashSet;
import java.util.Set;


public class CacheIPLookup implements IIPScanner, Serializable{
```

```
    private Set<String> fraudIPList = new HashSet<String>();

    public CacheIPLookup() {
        fraudIPList.add("212");
        fraudIPList.add("163");
        fraudIPList.add("15");
        fraudIPList.add("224");
        fraudIPList.add("126");
        fraudIPList.add("92");
        fraudIPList.add("91");
        fraudIPList.add("10");
        fraudIPList.add("112");
        fraudIPList.add("194");
        fraudIPList.add("198");
        fraudIPList.add("11");
        fraudIPList.add("12");
        fraudIPList.add("13");
        fraudIPList.add("14");
        fraudIPList.add("15");
        fraudIPList.add("16");
    }

    @Override
    public boolean isFraudIP(String ipAddresses) {
        return fraudIPList.contains(ipAddresses);
    }
}
```

欺诈检测应用程序

欺诈检测应用程序将一直运行，并且你还可以运行任意多的实例；Kafka 将为你做负载均衡。我们来看看下面的代码，它从名称为 iprecord 的 topic 中读取输入数据，然后使用查找服务过滤掉欺诈记录：

```
package com.packt.kafka;

import com.packt.kafka.lookup.CacheIPLookup;
import com.packt.kafka.utils.PropertyReader;
import org.apache.kafka.common.serialization.Serde;
```

```
import org.apache.kafka.common.serialization.Serdes;
import org.apache.kafka.streams.KafkaStreams;
import org.apache.kafka.streams.StreamsConfig;
import org.apache.kafka.streams.kstream.KStream;
import org.apache.kafka.streams.kstream.KStreamBuilder;

import java.util.Properties;

public class IPFraudKafkaStreamApp {
    private static CacheIPLookup cacheIPLookup = new CacheIPLookup();
    private static PropertyReader propertyReader = new PropertyReader();

    public static void main(String[] args) {
        Properties KafkaStreamProperties = new Properties();
        KafkaStreamProperties.put(StreamsConfig.APPLICATION_ID_CONFIG,
"IP-Fraud-Detection");
        KafkaStreamProperties.put(StreamsConfig.BOOTSTRAP_SERVERS_CONFIG,
"localhost:9092");
        KafkaStreamProperties.put(StreamsConfig.ZOOKEEPER_CONNECT_CONFIG,
"localhost:2181");
        KafkaStreamProperties.put(StreamsConfig.KEY_SERDE_CLASS_CONFIG,
Serdes.String().getClass().getName());
        KafkaStreamProperties.put(StreamsConfig.VALUE_SERDE_CLASS_CONFIG,
Serdes.String().getClass().getName());

        Serde<String> stringSerde = Serdes.String();
        KStreamBuilder fraudDetectionTopology = new KStreamBuilder();

        // Reading fraud record from topic configured in configuration file
        KStream<String,            String>            ipRecords          =
fraudDetectionTopology.stream(stringSerde, stringSerde,
                propertyReader.getPropertyValue("topic"));

        // Checking if record is fraud using in memory lookup service
        KStream<String, String> fraudIpRecords = ipRecords.filter((k, v) ->
isFraud(v));

        // Storing fraud IP's topic

fraudIpRecords.to(propertyReader.getPropertyValue("output_topic"));
```

```
        KafkaStreams            streamManager            =            new
KafkaStreams(fraudDetectionTopology, KafkaStreamProperties);
        streamManager.start();

        Runtime.getRuntime().addShutdownHook(new
Thread(streamManager::close));
    }

    // Fraud ip lookup method
    private static boolean isFraud(String record) {
        String IP = record.split(" ")[0];
        String[] ranges = IP.split("\\.");
        String range = null;
        try {
            range = ranges[0] + "." + ranges[1];
        } catch (ArrayIndexOutOfBoundsException ex) {
            //handling here
        }
        return cacheIPLookup.isFraudIP(range);
    }
}
```

总　结

在本章中，你了解了 Kafka Stream，以及在我们的 pipeline 中使用 Kafka 时如何使用 Kafka Stream 进行转换（Transformation）。我们还熟悉了 Kafka Stream 的体系结构、内部工作和集成框架优势。我们简要地介绍了 KStream 和 KTable，并理解它们之间的不同。对 Kafka Stream API 的详细解释超出了本书的范围。

在下一章中，我们将介绍 Kafka 集群的内部结构、容量规划、单集群和多集群部署，以及添加和删除 brokers。

第10章 Kafka集群部署

在前一章中，我们讨论了与 Apache Kafka 相关的不同用例。我们介绍了与 Kafka 消息系统相关的不同技术和框架。然而，将 Kafka 用于生产需要额外的工作和技术。首先，你必须非常透彻地了解 Kafka 集群的工作方式。然后，你必须进行充分的容量规划来确定 Kafka 集群所需的硬件。你需要了解 Kafka 的部署模式以及如何执行日常的 Kafka 管理活动。在本章中，我们将讨论以下主题：

- Kafka 集群内部结构
- 容量规划
- Kafka 单集群部署
- Kafka 多集群部署
- 退役 brokers
- 数据迁移

简而言之，本章主要讨论的是 Kafka 集群部署在企业级的生产系统上。它涵盖了 Kafka 集群的深入主题，比如应该如何进行容量规划、如何管理单个或多集群部署等等。它介绍如何在多租户环境中管理 Kafka。它还进一步介绍了 Kafka 数据迁移所涉及的不同步骤。

Kafka 集群的内部结构

这个主题的内容在这本书的导论章节中已经被详细介绍过了。然而，在本节中，我们将讨论在 Kafka 集群中扮演重要角色的组件或进程。我们不仅将讨论不同的 Kafka 集群组件，还将讨论这些组件如何通过 Kafka 协议进行通信。

Zookeeper 角色

在没有 Zookeeper 服务器的情况下，Kafka 集群无法运行，这与 Kafka 集群安装紧密耦合。因此，你应该首先理解 Zookeeper 在 Kafka 集群中的作用。

如果我们必须用几句话来定义 Zookeeper 的角色，我们可以说 Zookeeper 是一个 Kafka 集群协调器（Coordinator），它通过 Kafka 管理参与消息传输的 brokers、生产者和消费者的集群成员。这对 Kafka topic 的 leader 选举也有帮助。它类似于一个集中式服务，管理集群成员、相关配置和集群注册服务。

Zookeeper 还跟踪活着的 brokers，以及那些已经加入或离开集群的节点。可以将 Zookeeper 配置为在 quorum 或复制模式（replicated mode）下工作，在此模式下，相同的数据和配置可以跨多个节点进行复制，以支持高可用性和传入请求的负载均衡。独立模式一般在开发或测试阶段使用。在高可用和高性能的生产环境中，你应该始终使用复制模式来部署 Zookeeper。

如果你想了解 Zookeeper 更多内容，可以访问 https://zookeeper.apache.org，而且应该学习两个重要的方面：第一个是如何在 Zookeeper 节点上维护 Kafka 集群数据，第二个是 Zookeeper 如何被应用在 leader 选举过程中。我们将在接下来的章节中了解这些内容。

让我们来讨论一下 Kafka topic 的 leader 选举过程是如何工作的。每个 Kafka 集群都有一个指定的 broker，它比其他 broker 负有更多的责任。这些额外的职责与分区管理有关。这个 broker 称为控制器（controller）。控制器的主要职责之一是选出分区 leaders。通常，它是在集群中启动的第一个 broker。启动后，它在 Zookeeper 中创建一个临时的 znode（/controller）。在该/controller 位置，它维护关于活着的 brokers 的元数据、关于 topic 分区以及它们的数据复制状态。

要监视 broker 实时状态控制器，需要监视其他 brokers 创建的临时 znodes（/brokers）。如果 broker 离开集群或终止，broker 创建的临时 znode 将被删除。这时控制器意识到那个 broker 的分区需要有一个新的 leader。

在收集了所有需要新 leader 的分区的信息之后，它会找到这些分区的下一个副本 broker，并向它们发送 leader 请求。同样的信息传递给所有的 followers，这样它们就可以开始同步新当选的 leader 的数据。在接收到 leader 的请求后，新的 leader brokers 知道它们必须为该 topic 分区的生产者和消费者请求提供服务。

综上所述，Kafka 使用了 Zookeeper 的临时 znode 这个特性来选择控制器，并在其他 broker 节点加入和离开集群时通知控制器。此通知触发控制器进行 leader 的选举过程。

现在我们已经了解了 Kafka 中的 leader 选举过程，接着让我们来看一下 Kafka 集群维护的不同的 znode。Kafka 使用 Zookeeper 以键值对的格式在 ZK 树形结构中存储各种配置和元数据，并在集群中使用它们。以下节点（znode）由 Kafka 维护：

- /controller：这是 Kafka znode，用于控制器（controller）leader 的选举。
- /brokers：这是 Kafka znode，用于 broker 元数据。
- /kafka-acl：SimpleACLAuthorizer ACL 存储的 znode。
- /admin：admin tool 元数据的 znode。
- /isr_change_notification：这表示同步复制的跟踪更改，即这个用于在 Kafka 的副本 broker 发生变化时用于通知的存储路径。
- /controller_epoch：这表示控制器的跟踪运动，此值是一个数字，Kafka 集群中第一个 broker 第一次启动时为 1，以后只要集群中的中央控制器（center controller）所在 broker 变更或挂掉，就会重新选举新的 center controller。每次 center controller 变更，controller _epoch 值就会 +1。
- /consumers：Kafka 消费者列表。
- /config：配置信息。

复　制

Kafka 的一个重要方面是它的高可用性，这是通过数据复制得到保证的。复制是 Kafka 设计的核心原则。与 Kafka 集群交互的任何类型的客户端（生产者或消费者）都要意识到 Kafka 实现的复制机制。

你应该了解，在 Kafka 中，复制是由 topic 分区驱动的。所有这些副本都存储在参与 Kafka 集群的不同 brokers 中。

在 leaders 和 followers 方面，你应该经常看到复制。要进一步详细说明这一点，你总是设置 topic 的复制因子。根据这个复制数量，topic 的每个分区中的数据都被复制到不同的 brokers 中。在失败的情况下，如果将复制因子设置为 n，那么 Kafka 集群可以容纳 n-1 个失败，以确保有保证的（guaranteed）消息进行传递。

下面图 10-1 展示了在 Kafka 中的复制是如何工作的。

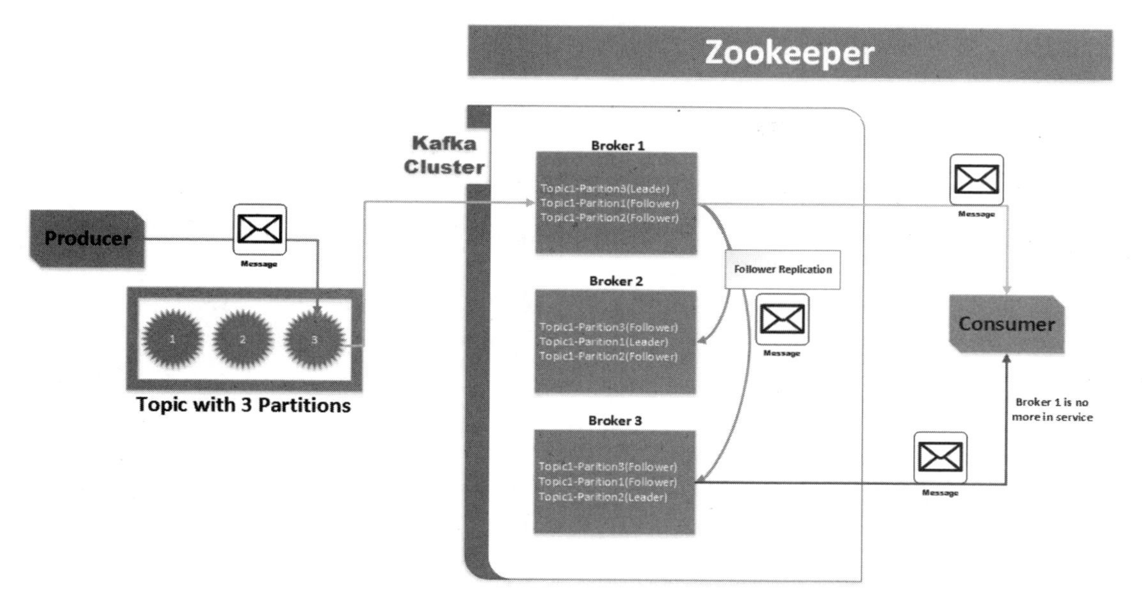

图 10-1　在 Kafka 中的复制工作流程

分区 leaders 接收来自生产者应用程序的消息。followers 将获取的请求发送给 leaders，以保持副本同步。你可以将 followers 看作是另一个试图从分区的 leaders 那里读取数据的消费者应用程序。

一旦所有的副本都同步，消费者就可以从分区 leader 中消费消息。控制器（Controllers）在 Zookeeper 的帮助下，可以跟踪该分区的 leader，在 leader 失败的情况下，它们会选择另一个 leader。一旦选择了新的 leader，消费者就开始从新的 leader 那里消费数据。

Kafka 支持两种类型的复制——同步和异步：

同步复制： 在同步复制中，生产者从 Zookeeper 那里找到 topic 分区的 leader 并发布消息。一旦消息被发布，它就被写入到 leader 的日志中。然后，leader 的 followers 开始读取这些信息。消息的顺序总是被确保正确的。一旦一个 follower 成功地将消息写入到它自己的日志中，它就会向 leader 发送确认信息。当 leader 知道复制已经完成并收到了确认信息时，它会向生产者发送确认成功发布的消息。

异步复制：在异步复制中，在 leader 将消息写到自己的日志后，立即发送对生产者的确认信息。leader 不会等待其 follower 的任何确认，但是这种做法不能确保在 broker 失败的情况下传递有保证的消息。

元数据（Metadata）请求处理

在我们进入生产者或消费者请求处理之前，我们应该了解任何 Kafka 客户端或 broker 将执行的一些常见活动，不管它是写请求还是获取请求。其中一个这样的请求是理解 Kafka 客户端如何请求或获取元数据。

以下是生产一条消息的元数据请求所涉及的步骤：

1. 在配置文件的基础上，客户端准备一个它们感兴趣的 topics 列表，以及它们将发送元数据请求到第一个 broker。

2. 它将从步骤 1 中准备的一系列 topics 向 broker 发送请求。如果 topics 数组为 null，那么将获取所有 topics 的元数据。除了 topics 列表之外，它还向 broker 发送一个 Boolean（布尔）标志 allow_auto_topic_creation，用于创建不存在的 topics。

3. 如果从 broker 接收到响应，则将写请求发送给分区的 leader。如果没有收到有效的响应或者请求超时，则元数据获取请求可以选择配置列表中的其他 broker。

4. 最后，客户端将从 broker 接收到成功或不成功消息写入的确认。

broker 和客户端都缓存元数据信息，并在特定的时间间隔刷新它们。一般说来，如果客户端接收到的不是来自 broker 的 leader 响应，它就会意识到缓存的元数据是旧的。然后，它从 broker 请求刷新的元数据作为错误，来表明客户端元数据已经过期。

生产者（Producer）请求处理

用于将消息写入 Kafka 队列的客户端请求称为生产者请求。根据从元数据请求接收到的信息，客户端向 leader broker 发送一个写请求。所有的写请求都包含一个名为 ack 的参数，它决定了什么时候 brokers 应该对客户端成功写入做出响应。以下是 ack 配置的可能值：

- 1：这意味着消息只被 leader 接受，即需要等待 topic 中的某个分区 leader 保存成功的状态反馈。
- all：这意味着所有同步复制和 leader 都接受了这个信息，即需要等待 topic 中某个 partition 所有副本都保存成功的状态反馈。
- 0：这意味着不要等待任何 brokers 的接受，也就是不需要等待 broker 返回确认消息。

另一方面，broker 首先检查请求中是否包含所有相关信息。它检查发出请求的用户是否具有所有相关特权，以及 ack 变量是否具有相关值（1、0 或 all）。

对于所有的 acks，它检查是否有足够的同步副本用于写入消息。如果所有相关参数和检查就绪，broker 将向本地磁盘写入消息。Broker 使用操作系统页面缓存来写入消息，并且不用等待将其写入磁盘。一旦消息写入缓存，相应的响应就会被发送回客户端。

因此，如果将 ack 值设置为 0，则 broker 在收到客户端后立即将响应发送回客户端。如果将其设置为 1，则 broker 在将消息写入文件缓存时把响应发送回客户端。如果把 ack 配置设置为 all，则请求将存储在一个 purgatory buffer 中。在这种情况下，当 leader 收到来自所有 followers 的确认时，响应将被发送到客户端。

消费者（Consumer）请求处理

与生产者请求一样，消费者获取请求从元数据请求开始。一旦消费者获取了 leader 的信息，它就会形成一个获取请求，其中包含了它想要读取数据的偏移量。它还提供了它想从 leader broker 读取的最小和最大的消息数量。

消费者可以为来自 broker 的响应预分配内存，因此，我们应该指定内存分配的最大限制。如果没有指定最小限制，那么当 broker 发送需要很少内存的少量数据时，资源利用率可能会很低。为了避免每次处理少量数据，消费者可以等待更多的数据到来，然后运行一个批次的作业来处理这些数据。

在接收到获取请求时，broker 会检查是否存在偏移量。如果偏移量存在，broker 将读取消息，直到批处理大小达到客户端设置的限制，然后将响应发送回客户端。需要注意的是，所有的 fetch 请求都是使用 **zero copy** 方法处理的。这种方法在基于 Java 的系统中非常常见，可以有效地通过网络传输数据。使用这种方法，broker 不会将中间数据拷贝到内存缓冲区，而是立即将其发送到网络通道。这样可以节省大量 CPU 周期，从而提高性能。

除了上述信息之外，你还需要记住消费者请求处理的另外两个重要方面。一个是获取请求所需的最小消息数量，另一个是消费者只能读取被写入分区 leader 的所有 followers 的消息。

换句话说，消费者只能获取那些所有同步副本已经收到的消息，并将其注册到本地文件的系统缓存中。

容量规划

当你想在生产环境中部署 Kafka 时，通常需要容量规划。容量规划可以帮助你从 Kafka 系统所需的硬件中实现所期望的性能。在本节中，我们将讨论在执行 Kafka 集群的容量规划时需要考虑的一些重要方面。

请注意，没有一种确定的方式来执行 Kafka 容量规划。需要考虑多种因素，它们取决于你的组织用例情况。

我们的目标是为你提供一个好的开始，为 Kafka 集群容量规划提供一些总是应该记住的指标。接下来让我们一个一个地考虑这些指标。

容量规划的目标

这个目标是在执行 Kafka 集群容量规划时最重要的事情。你应该非常清楚集群容量规划目标。应该明白，没有明确的目标，执行合适的容量规划是非常困难的。

通常，容量规划目标是由延迟和吞吐量驱动的。一些需要考虑的其他的目标可能是容错和高可用性。

我们建议你制定可量化的目标。此外，你的目标还应该考虑将来的数据增长或请求数量的增加。

复制因子

复制因子是容量规划的主要因素之一。根据以往的经验，单个 broker 只能承载一个分区副本。如果不是这样，一个 broker 失败可能会导致 Kafka 变得不可用。

因此，brokers 的数量必须大于或等于副本的数量。你可以清楚地观察到，副本的数量不仅决定了 Kafka 可以处理的故障数量，而且还有助于决定你的 Kafka 集群所需的最小 broker 服务器数量。

内　存

Kafka 高度依赖于文件系统来存储和缓存消息。所有的数据都以日志文件的形式写入页面缓存，这些日志文件将在稍后刷新到磁盘。通常，大多数现代 Linux 操作系统都使用空闲内存用于磁盘缓存。对于 32 GB 的内存，Kafka 最终利用 25 ~ 30 GB 的页面缓存。

此外，由于 Kafka 非常有效地利用堆内存，所以 4-5 GB 的堆大小就足够了。在计算内存时，你需要记住的一个方面是 Kafka 为活跃的生产者和消费者缓冲消息。磁盘缓冲区缓存驻留在你的 RAM 中。这意味着你需要足够的 RAM 用来在缓存中存储一定时间的消息。在计算缓冲区需求时，有两件事需要记住：一是要缓冲消息的时间（这可能从 30 秒到 1 分钟不等），第二个是你想要的读写吞吐量目标。

基于此，你可以使用这个公式计算你的内存需求：

```
Throughput * buffer time
```

可以理解为：

吞吐量 * 缓冲时间

一般来说，一台 64 GB 的机器对于高性能的 Kafka 集群来说是很理想的。32 GB 也可以满足这些需求。但是，你应该避免使用小于 32 GB 的任何机器，因为你可能会使用更小的机器来对你的读和写请求做负载均衡。

硬盘驱动器

你应该尝试估算每个 broker 所需的硬盘空间的数量，以及每个 broker 的磁盘驱动器（简称硬盘）的数量。多个驱动器有助于实现良好的吞吐量。你不应该与 Kafka 日志、Zookeeper 数据或其他 OS 文件系统数据共享 Kafka 的数据驱动器，这样可以确保良好的延迟。

我们先讨论一下如何确定每个 broker 的磁盘空间需求。你首先应该估计平均消息大小，还应该估计你的平均消息吞吐量，以及你希望在 Kafka 集群中保存消息的天数。

根据这些估算，你可以使用以下公式计算每个 broker 的空间：

```
(Message Size * Write Throughput * Message Retention Period * Replication
Factor) / Number of Brokers
```

理解为：

(消息大小 * 写吞吐量 * 消息保存时间 * 复制因子)/ Brokers 数量

SSD 为 Kafka 提供了显著的性能改进。它有两个原因，解释如下：

- 从 Kafka 写入磁盘是异步的，而 Kafka 的操作没有等待磁盘同步完成。然而，磁盘同步发生在后台。如果对 topic 分区使用单一副本，我们可能会完全丢失数据，这是因为在将数据同步到磁盘之前磁盘可能会崩溃。
- Kafka 中的每条消息都存储在一个特定的分区中，在 WAL（Write Ahead Log，即预写式日志）中每个分区都顺序存储数据。我们可能会说 Kafka 的读和写是按顺序发生的。顺序读取和写入在 SSD 中进行了大量的优化。

你应该避免使用网络附加存储（NAS）。NAS 的速度较慢、具有高的延迟和单点故障的瓶颈。RAID 10 也会被推荐使用，但有时由于额外的成本，人们不会选择它。在这种情况下，应该将 Kafka 服务器配置为多个日志目录，每个目录都挂载在单独的驱动器上。

网　络

Kafka 是一个分布式消息系统。网络在分布式环境中起着非常重要的作用。一个糟糕的网络设计可能会影响整个集群的性能。一个快速、可靠的网络可以保证节点之间能够很容易地进行通信。

集群不应该跨越多个数据中心，即使数据中心彼此很接近。高延迟将使任何分布式系统的问题复杂化，并使调试和解决方法看起来很困难。

CPU

Kafka 没有很高的 CPU 需求。尽管一般建议使用更多的 CPU 内核（cores），然后选择具有更多内核的下一代处理器。常见的 Kafka 集群由 24 个 CPU 核的机器组成。CPU 核可以帮助集群增加额外的并发性，而且更多的核总是会提高 Kafka 集群的性能。

如果你希望使用带有 SSL 的 Kafka，那么它可能会增加 CPU 核的需求，因为 SSL 在它的操作时会占用一些 CPU 核。

Kafka 单集群部署

本节将概述 Kafka 集群在单个数据中心是什么样子的。在单个集群部署中，所有客户端都将连接到一个数据中心，并从同一集群中读取/写入数据。你将会部署多个 brokers 和 Zookeepers 服务器来服务这些请求。所有这些 brokers 和 Zookeepers 将部署在同一个网络子网内的同一数据中心。

下面图 10-2 表示单个集群部署的样子。

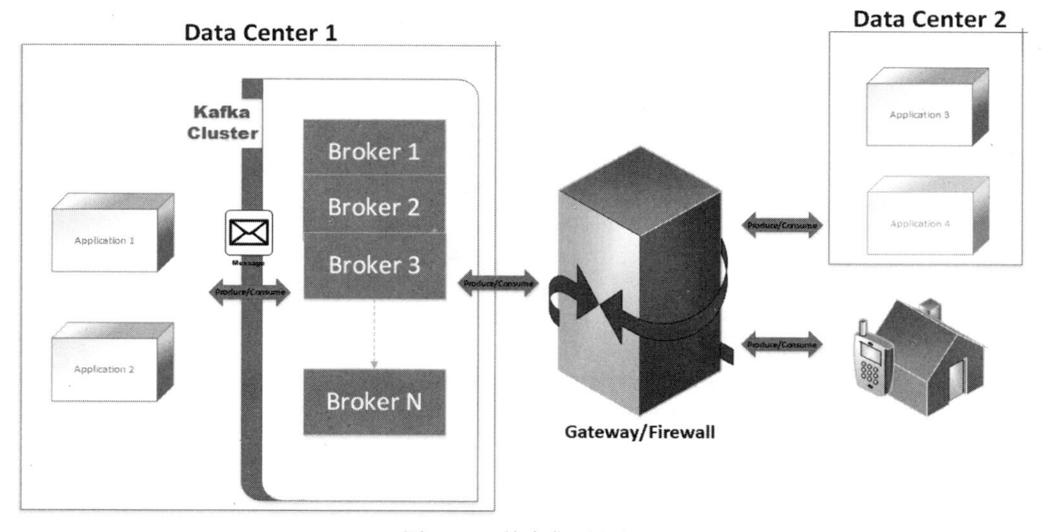

图 10-2　单个集群部署

在上面的图中，Kafka 部署在 Data Center 1 中。与其他任何 Kafka 集群部署一样，有内部客户端（Application 1 和 Application 2）、不同数据中心的远程客户端（Application 3 和 Application 4），以及以移动应用程序形式的直接远程客户端。

你可以清楚地看到，这种设置依赖于单个数据中心。这可能导致在数据中心宕机时你的关键功能停止服务。此外，由于跨区域数据传输，有时响应时间也会延迟。有时，由于非常高的请求负载，单数据中心资源不足以确保延迟和吞吐量 SLA。为了避免此类问题，你可以采用多集群 Kafka 部署方案。我们将在下面的部分中讨论这个问题。

Kafka 多集群部署

通常，使用多集群部署来减轻与单个集群部署相关的一些风险。我们已经向你提过，前面单个集群存在的一些风险。多集群部署可以分为两种类型——Distributive 模型（可以理解为分配模式）和 Aggregate 模型（即聚合模型）。

Distributive 模型图如下面图 10-3 所示。在此模型中，基于 topics，消息被发送到部署在不同数据中心的不同 Kafka 集群。在这里，我们选择在 Data Center 1 和 Data Center 3 上部署 Kafka 集群。

部署在 Data Center 2 中的应用程序可以选择将数据发送给部署在 Data Center 1 和 Data Center 3 中的任何 Kafka 集群。根据与消息相关的 Kafka 的 topic，他们将使用不同的数据中心部署 Kafka 集群。这种消息路由也可以使用一些中间负载平衡器应用程序来完成。这是你必须做出的选择；无论你是希望在生产者或消费者应用程序中编写路由逻辑，还是希望构建一个单独的组件来决定基于 Kafka topic 的消息路由。

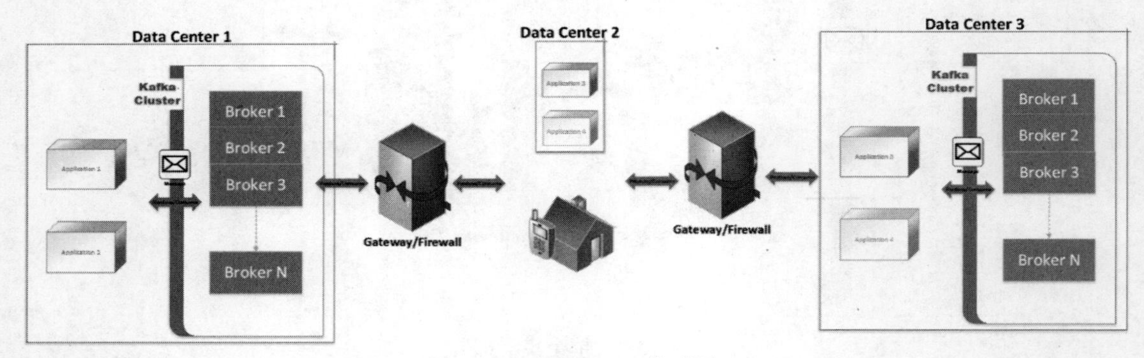

图 10-3　Distributive 模型图

Aggregate 模型是多集群部署的另一个例子。在这个模型中，**Data Center 1** 和 **Data Center 3** 之间的数据是通过一个叫作 Mirror Maker 的工具同步的。Mirror maker 使用 Kafka 消费者从源集群中消费消息，并使用嵌入式 Kafka 生产者将这些消息重新发布到本地（目标）集群。关于 Mirror Maker 具体详细的文档可以在 Kafka 官方网站（https://kafka.apache.org/documentation.html#basic_ops_mirror_maker）上深入学习。客户端可以使用任何集群来读取和写入任何集群。因为请求在两个数据中心之间负载均衡，所以 Aggregate 模型支持更好的可用性和可伸缩性。此外，它对故障的容忍度更大，如在一个数据中心出现故障时，其他数据中心可以满足所有请求。

下面图 10-4 是 Aggregate 模型的表示。

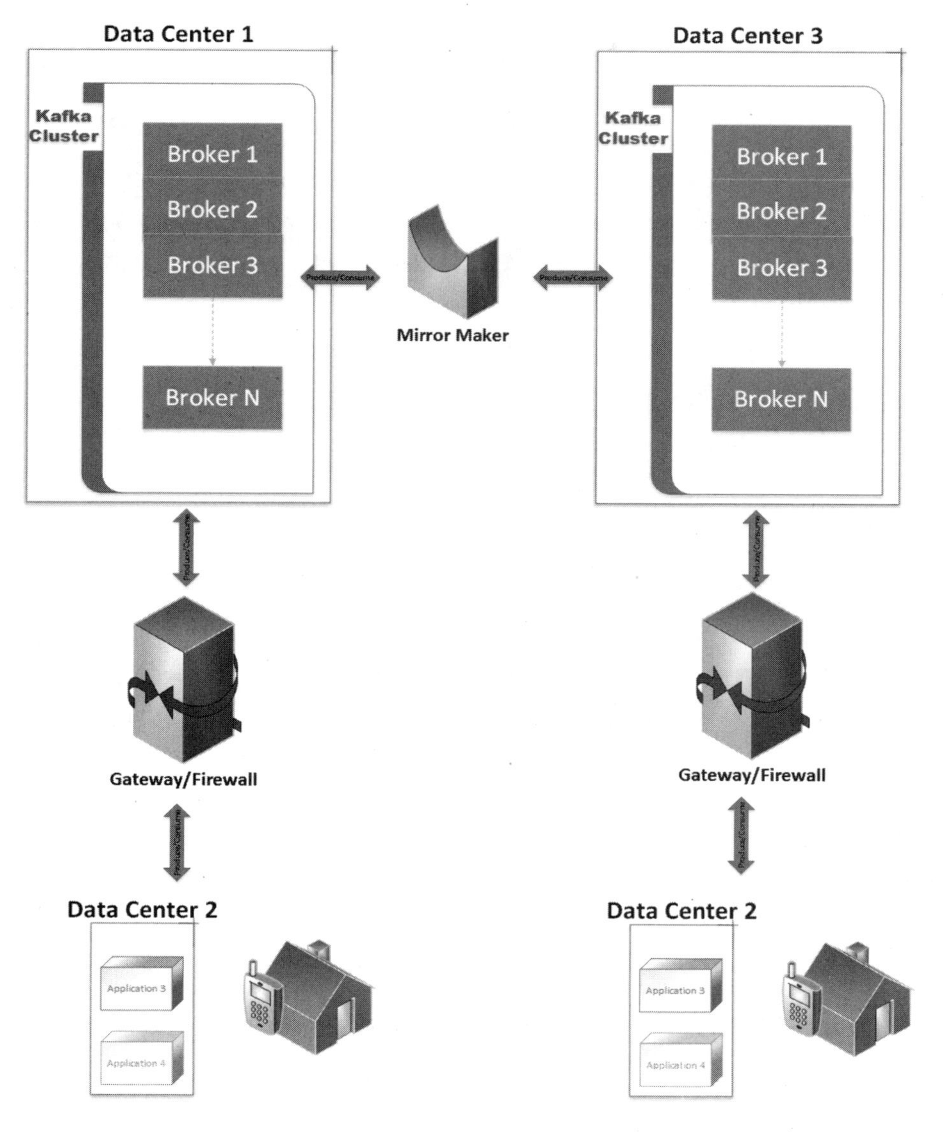

图 10-4　Aggregate 模型

退役 brokers

Kafka 是一个分布式和可复制的消息系统。退役 brokers 有时会成为一项乏味的任务。作为替代，我们考虑引入这一节，以便你了解应该执行的一些步骤，使退役的 broker 停止工作。

你可以使用任何脚本语言将这个操作自动化。一般来说，应该执行以下步骤：

1. 登录到 Zookeeper 的 shell 环境，然后根据 broker 的 IP 或主机名收集相关的信息。

2. 接下来，根据从 Zookeeper 收集的 broker 信息，你应该收集关于哪些 topic 和分区数据需要重新分配给不同的 broker 的信息，可以使用基于 Shell 脚本的工具来收集这些信息。基本上，需要重新分配的 topic 分区使用 leader 和 replicas 的值进行标识，这些值等于要退役节点的 broker ID。

3. 然后，你应该准备一个重新分配分区的 JSON 文件，该文件将包含关于 topic 分区和新分配的 broker IDs 的信息。请记住，这些 broker IDs 应该与已退役的 ID 不同。关于 JSON 的细节可以在 https://cwiki.apache.org/confluence/display/KAFKA/ Replication+tools #Replicationtools-4.ReassignPartitionsTool 中查看。

4. 接下来，应该运行 kafka-reassign-partitions.sh 脚本工具来重新分配分区。关于这个脚本的细节请访问网址 https://cwiki.apache.org/confluence/display/KAFKA/Replication+tools #Replicationtools-4.ReassignPartitionsTool。

5. 最后，使用 Kafka topic 的 shell 脚本程序检查分区是否被重新分配给不同的 brokers。同时对那些 topic 分区运行用于测试的生产和消费请求。有时，重新分配确实需要一些时间，所以最好在后台运行重新分配脚本，并定期检查它的状态。

数据迁移

Kafka 集群中的数据迁移可以在不同的场景下进行考虑。你可能希望将数据迁移到同一集群中的新添加的磁盘驱动器上，然后将旧磁盘进行退役。你可能希望将数据转移到安全的集群或新添加的 brokers，然后将旧的 brokers 退役。你可能希望将数据移动到完全不同的新集群或云。有时，你还会迁移到 Zookeeper 服务器。在本节中，我们将讨论前面提到的一个场景。

让我们考虑一下这个场景，我们希望在 broker 服务器上添加新的硬盘/磁盘，并退役旧的硬盘/磁盘。我们知道 Kafka 数据目录包含 topic 和分区数据，而且一般你总是会配置多个数据目录，Kafka 将在这些目录位置上平衡分区或 topic 数据。

这里需要注意的一点是，Kafka 不具有跨多个目录平衡分区数据的特性。它不会自动将现有数据移动到新的数据目录。如果需要实现这一点，则必须手工完成。

但是，在需要退役旧磁盘的场景中，可以使用多种方法。其中一种方法是在获取相关备份之后删除旧目录的内容，然后配置新的目录位置。在 broker 重启之后，Kafka 会将所有分区或 topic 数据复制到新的目录中。如果需要复制的数据量是巨大的，这种方法有时会耗费大量时间。此外，当数据被迁移时，这个 broker 将不会提供任何请求，这将给其他 broker 带来负担。在迁移期间，网络利用率也会很高。

数据迁移是一个大话题，在这本书中我们不能涵盖到它的所有方面。但是，我们希望通过它来让你了解如何在 Kafka 中进行数据迁移。在任何数据迁移中，我们认为有两个重要的事情应该做：第一个是确保你有所有相关的备份和恢复计划，防止迁移失败；第二个是避免大量的手工工作，让 Kafka 的复制框架做大部分工作，这样会更安全，能够避免一些错误。

总 结

在这一章中，我们深入到 Kafka 集群。你学习了 Kafka 的复制是如何工作的。本章向你介绍了 Zookeeper 如何维护其 znodes，以及 Kafka 如何使用 Zookeeper 服务器来确保高可用性。在本章中，我们希望你了解在 Kafka 中不同的进程是如何工作的，以及它们是如何与不同的 Kafka 组件协调的。诸如元数据请求处理、生产者请求处理 和消费者请求处理 等部分，都是为实现这一目标而编写的。

你还了解了不同类型的 Kafka 部署模型，以及 Kafka 集群的容量规划的不同方面。从在生产环境中部署 Kafka 集群的角度来看，容量规划非常重要。本章还涉及了复杂的 Kafka 管理操作，如 broker 退役和数据迁移。总的来说，这一章帮助你提高了关于 Kafka 集群、集群部署模型、规划和管理生产级别的 Kafka 集群内部工作的技能。

第 11 章 在大数据应用中使用 Kafka

在前面的章节中，我们讲解了 Kafka 如何工作，Kafka 有哪些不同的组成部分，以及我们可以使用的一些 Kafka 工具，以供某些特定的用例使用。在本章中，我们的重点是学习 Kafka 在大数据应用中的重要性。我们的目的是让你理解 Kafka 如何在任何大数据用例中使用，以及你在使用 Kafka 时应该记住的不同类型的设计方面。

Kafka 正在成为大数据应用中消息传递的标准工具。这里是有一些具体的原因。其中一个原因是我们不能使用数据库作为所有的一站式目的地。早期，由于缺乏优雅的存储系统，数据库往往是任何类型的数据存储的唯一解决方案。如果你使用数据库，在一段时间内，系统将变得非常复杂、难以处理和成本昂贵。数据库希望所有数据都以某种数据格式呈现。在预期的数据格式中，适合所有类型的数据往往会使事情变得更加复杂。

你需要数据库来存储各种类型数据的日子已经一去不复返了。在过去的十年中，这种模式发生了变化，专门的系统被用来满足不同类型的用例。此外，我们已经改进了从不同的系统或设备收集数据的过程。每个系统都有不同的数据格式和数据类型。同样的数据也用于在不同的数据管道中，如实时警报、批处理报告等。

Kafka 适合这些场景，具体原因如下：

- 它支持存储任何类型和格式的数据
- 它使用商用硬件来存储大量数据
- 它是一个高性能和可伸缩的系统
- 它将数据存储在磁盘上，可以用来服务不同的数据管道；可用于实时事件处理和批处理

- 由于数据和系统冗余，它是高度可靠的，这是企业级生产部署大数据应用的一个重要要求

本章将涵盖以下主题：

- 管理 Kafka 的高容量
- Kafka 消息传递语义
- 故障处理和重试能力
- 大数据和 Kafka 常见的使用模式
- Kafka 和数据治理
- 报警和监控
- 有用的 Kafka 指标

管理 Kafka 的高容量

你一定想知道为什么我们需要在这一章讨论高容量（high volumes）的内容，考虑诸如高容量、性能和可伸缩性等方面是如何作为 Kafka 架构中的基因。如此考虑的话，你的想法是正确的，但是需要调整某些参数来管理 Kafka 延迟和吞吐量需求。

此外，你必须选择正确的硬件集，并执行适当的容量规划。因此，我们认为最好还是讨论一下这个高容量的问题。简而言之，当我们谈到 Kafka 的高容量时，你必须考虑以下几个方面：

- 高容量的写入或高消息写入吞吐量
- 高容量的读取或高消息读取吞吐量
- 高容量的复制速度
- 高磁盘刷新或 I/O

让我们来看一下在 Kafka 大容量中应该考虑的一些组件。

适当的硬件选择

Kafka 是一个商用硬件运行工具。在容量非常高的情况下，你应该首先清楚地了解哪些 Kafka 组件受影响，哪些组件需要更多的硬件。

图 11-1 将帮助你了解在高容量情况下一些硬件方面的影响。

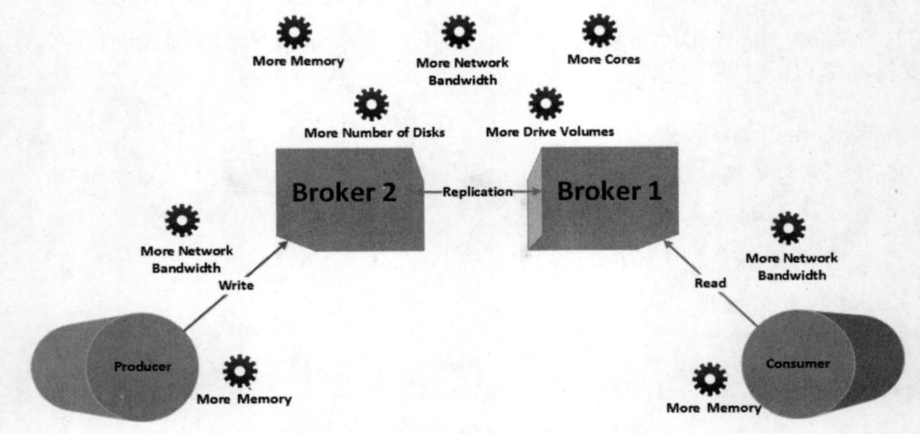

图 11-1　高容量对 Kafka 硬件的影响

在高容量写入的情况下，生产者应该有更多的容量来缓冲记录，这意味着它应该有更多的可用内存。

由于批处理总是被建议用于高容量的写入操作，因此需要为生产者组件和 broker 之间的连接提供更多的网络带宽。一个批处理会处理更多的消息，因此需要更多的带宽。类似的情况是，高容量的读取需要更多内存用于消费者应用程序。就像生产者应用程序一样，你需要为消费者组件和 broker 之间的连接提供更多的网络带宽。

对于 brokers 来说，你需要更多地考虑硬件。Brokers 做了大部分的工作，而且 brokers 是多线程应用程序。它们运行并行线程去接收请求和读取/写入数据。Kafka 的高容量导致更多的读/写请求和更多磁盘 I/O 线程。因此，Brokers 服务器需要更多的内核来支持大量线程。复制线程的情况与此类似。

复制因子的数量越高，由 brokers 派生出用于拷贝数据的线程数量就越高。因此，需要更多的内核。由于 Kafka 将所有东西存储在磁盘上，以支持高容量，因此你需要更多的驱动器卷或硬盘空间。

最后，为了管理高吞吐量和低延迟，磁盘驱动器的数量起着重要的作用。当你为 Kafka 增加磁盘驱动器的数量时，更多的并行线程可以有效地在磁盘上执行 I/O 操作。

生产者读取和消费者写入的选择

我们讨论了在高容量的情况下，硬件的选择。在本节中，我们将讨论在 Kafka 中读取和写入高容量数据时，管理高吞吐量和低延迟的一些重要技术。

我们列出了一些在写入或读取数据时可以使用的技术：

- 消息压缩：生产者生成所有数据的压缩类型。压缩类型属性的值为 none、GZIP、Snappy 或 lZ4。由于压缩在整个批处理中发生，所以更多的批处理会导致更好的压缩率。你可能需要与更多的 CPU 以完成压缩过程，但它肯定会在以后节省网络带宽。

原因很简单——压缩减少了数据的大小，并且通过网络交换更少的数据节省了时间。如果你希望禁用压缩，请设置 compression.type=none。有时，良好的压缩编码也有助于实现低延迟。

- 消息 batches：此属性特定于异步模式的生产者。小型 batch 可以降低吞吐量，将 batch 大小设置为 0 将禁用 batch 大小。当然也不推荐设置大的 batch，因为这会迫使我们将更多的内存分配给生产者，这有时会导致内存浪费。发送到同一个分区的消息被 batch 在一起，然后使用一个请求将它们发送给 Kafka brokers，将其持久化到 topic 分区中。

请记住，大批量的 batch 会减少对 Kafka brokers 的请求，这样处理每个请求就会需要更少的生产者成本，以及更少的 brokers CPU 的开销。你可以连同 linger.ms 一起设置 batch.size 属性，它允许生产者发送一个批次的数据。这里再给大家简单介绍这两个参数：

1. linger.ms：生产者默认会把两次发送时间间隔内收集到的所有请求进行一次聚合，成为一个 batch，然后再发送，以此提高吞吐量；而 linger.ms 这个参数为每次发送增加一些 delay，以此来聚合更多的消息。

2. batch.size：生产者会尝试把发往同一个分区的多个请求进行合并，batch.size 指明了一次 batch 合并后请求总大小的上限。如果这个值设置得太小，可能会导致所有的请求都不进行 batch。

- 异步发送：如果你设置 producer.type 的值为 async，那么生产者将在内部使用 AsyncProducer。这个参数指定了在后台线程中消息的发送方式是异步的，这样可以运行生产者以 batch 的形式 push 数据，这样会极大地提高 broker 的性能，但是这样会增加丢失数据的风险。

以 batch 的方式 push 数据可以极大地提高处理效率，生产者可以将消息在内存中累计到一定数量后作为一个 batch 发送请求。batch 的数量大小可以通过生产者的参数（batch.num.messages）控制。通过增加 batch 的大小，可以减少网络请求和磁盘 IO 的次数，当然具体参数设置需要在效率和时效性方面做一个权衡。在设置参数过程中也要考虑 batch.size 这个参数。

- Linger 时间：生产者在可用的时候发送缓冲区，并且不等待任何其他触发器。Linger 时间允许我们设置最大的时间，在此期间，数据可以在生产者发送到存储之前进行缓冲。Batch 发送消息总是会减少请求的数量，但是我们不能等待批处理达到配置的大小，因为它可能会使我们在吞吐量和延迟上付出代价。linger.ms 属性允许我们配置生产者在发送这批数据之前应该等待的最长时间。
- Fetch 大小：这个 fetch.message.max.bytes 属性是用来设置一个消费者可以读取的最大消息大小。它至少和 message.max.bytes 一样大。分区的数量定义了来自同一消费者组的最大数量的用户，他们可以从中读取消息。在相同的消费者组中，分区是由消费者划分的，但是如果同一消费者组中的消费者数量大于分区的数量，那么一些消费者就会处于空闲状态。但是，这并不影响性能。

你可以标记最后一个读取消息偏移量，这允许你在消费者失败的情况下，定位丢失的数据，但是为每个消息启用这个检查点将会影响性能。不过，如果你为每 100 条消息启用检查点，那么对吞吐量的影响将会降低，并有良好的安全性。

Kafka 消息传递语义

Kafka 的语义保证需要从生产者和消费者的角度来理解。

在非常高的级别上，Kafka 中的消息流包含了生产者写入的消息，这些消息被消费者读取，以便将其传递到消息处理组件。换句话说，生产者消息传递语义影响了消费者接收消息的方式。

例如，假设生产者组件由于网络连接而不能从 brokers 获得成功的 acks。在这种情况下，即使 broker 接收了这些消息，生产者也会重新发送这些消息。这会导致发送到消费者应用程序的消息有重复的。因此，重要的是要理解生产者传递消息的方式会影响消费者接收消息的方式，这最终会影响到处理这些消费者收到的消息的应用程序。

通常，有三种类型的消息传递语义。它们如下：

- 最多一次（At most once）：在这种情况下，消息只会读或写一次。消息不会重新发送或再次发送，即使它们由于组件不可用或网络连接失败而丢失。这种语义可能导致消息丢失。
- 至少一次（At least once）：在这种情况下，至少会读或写一次消息，而且它们不会丢失。但是有可能存在重复消息，因为相同的消息可能会再次发送。
- 正好一次（Exactly Once）：这是最有利的传递语义，因为它确保消息只传递一次并且仅有一次，这确保没有消息丢失和重复。

现在我们已经清楚了消息传递语义，让我们看看在生产者和消费者环境中消息传递语义是如何工作的。

至少一次传递

在生产者环境中，如果在网络地址转换中丢失了 acks，那么“至少一次传递”就会发生。假设生产者配置了 acks=all，这意味着，在消息被写入并复制到相关 brokers 后，生产者将等待 brokers 的成功或失败确认。

如果出现超时或其他类型的错误，生产者会重新发送这些消息，这里假设它们之前没有被成功地写入 topic 分区。但是，如果在消息被写入 Kafka topic 之后发生错误，ack 不能发送怎么办？在这种情况下，生产者将重试发送该消息，从而导致消息被多次写入。

在这种情况下，一般来说，在消费者读取这些消息之后，可以使用消息去重（message deduplication）技术解决这个问题。

图 11-2 以及其中的编号步骤，描述了在生产者环境中“至少一次传递语义”是如何工作的。

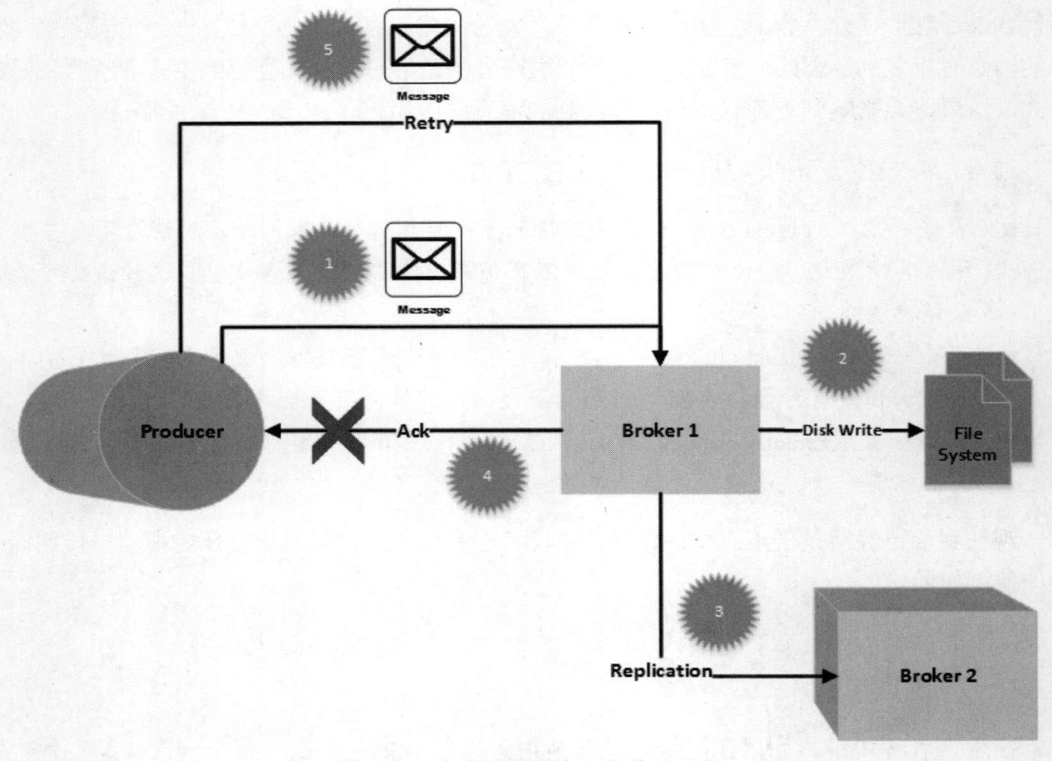

图 11-2　生产者的至少一次传递语义

一旦我们重新启动了消费者进程，或者其他一些消费者进程开始从相同的分区读取消息，那么它将读取相同的消息，因为它的偏移量没有提交，尽管消息已经被保存一次以进行进一步的处理。在消费者组件失败的情况下，调用至少一次语义。

图 11-3 描述了在消费者环境中至少一次传递语义是如何工作的。按照步骤编号顺序地理解它。

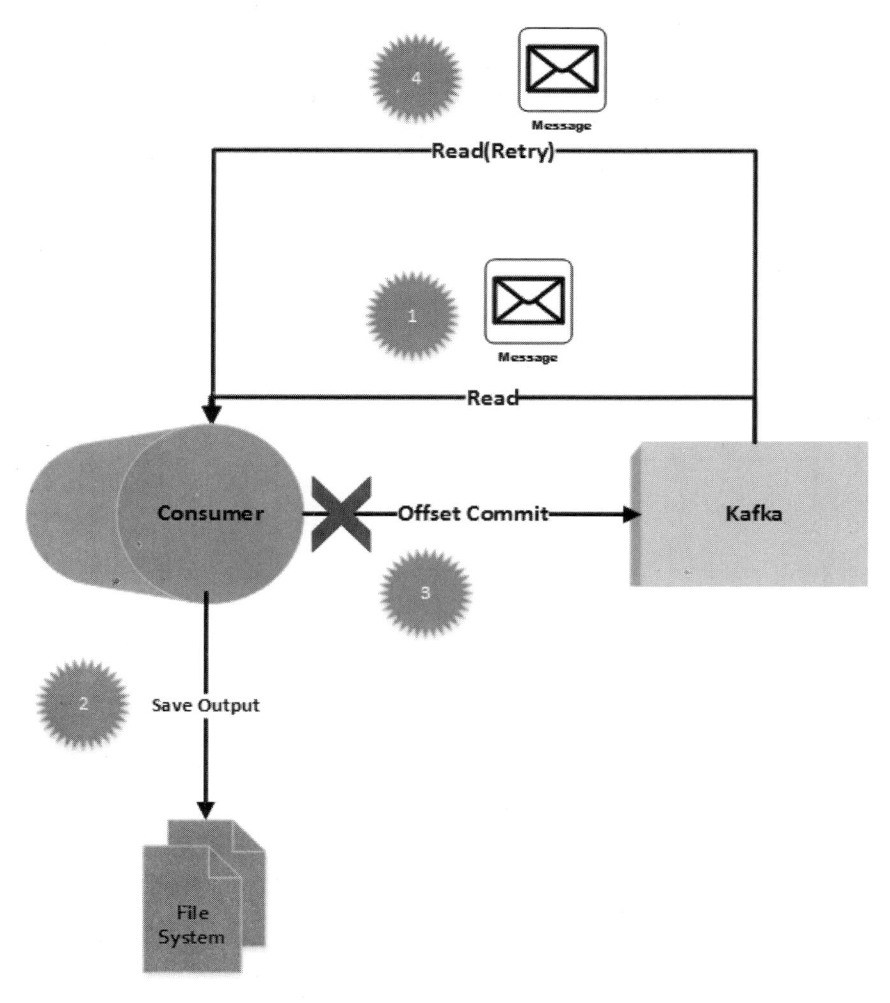

图 11-3 消费者的至少一次传递语义

消费者首先读取 Kafka topic 的记录，并将它们保存到文件系统，如图 11-3 中步骤 2 中所描述。文件系统就是这里的一个例子。消费者可以直接将数据发送到数据处理应用程序或将其存储在数据库中。步骤 3 是提交偏移量，在偏移量提交失败的情况下，消费者将重新尝试再次读取这些消息（在重新启动或消费者组中的一些新的消费者进程之后）。它最终将会保存重复的消息，因为先前的偏移量提交失败了。

最多一次传递

在生产者环境中，如果 broker 在收到消息之前失败了，或 acks 没有接收到并且生产者不尝试再次发送消息，那么最多一次传递就会可能发生。在这种情况下，消息不会写入 Kafka topic，因此也不会被传递给消费者进程，这将导致消息丢失。

图 11-4 描述了在生产者环境中最多一次传递语义是如何工作的。请按照下面的步骤编号顺序理解它。

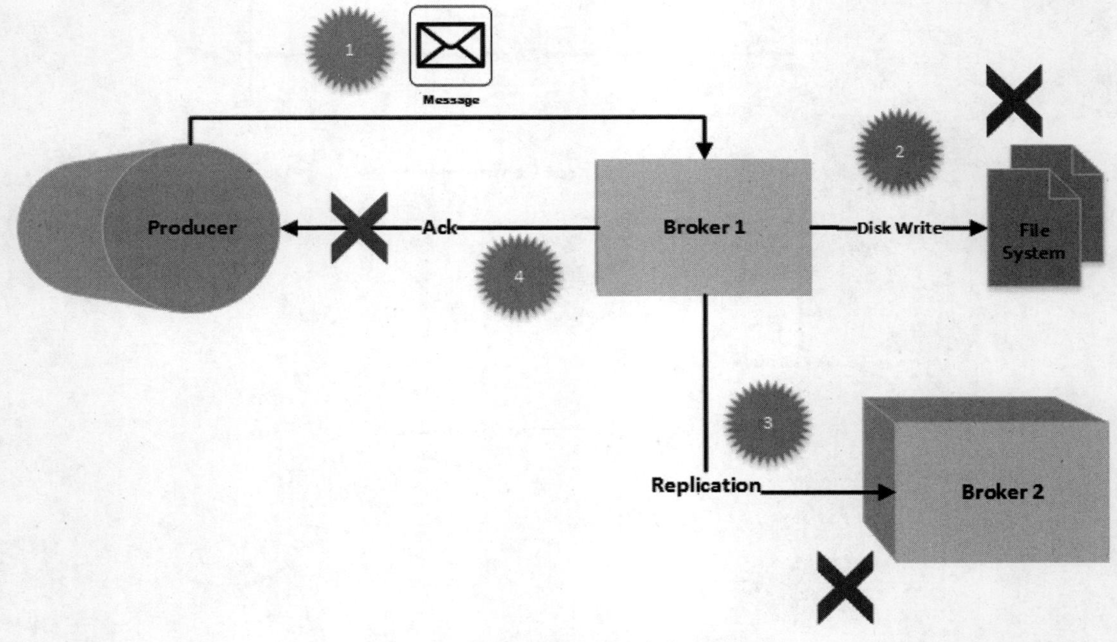

图 11-4　生产者的最多一次传递语义

步骤 1 的生产者试图将 topic 消息写入到 Broker 1 中。Broker 1 收到消息后立刻出现故障。在最多一次传递语义的情况下，Broker 1 在失败后将无法保存记录到本地文件系统上，也不能将其复制到 Broker 2。它甚至不会向生产者应用程序发送任何 Ack。由于生产者应用程序没有配置为等待确认模式，所以它不会重新发送消息，这将导致消息丢失。

图 11-5 描述了在消费者环境中最多一次传递语义是如何工作的。请按照下面的步骤编号顺序理解它。

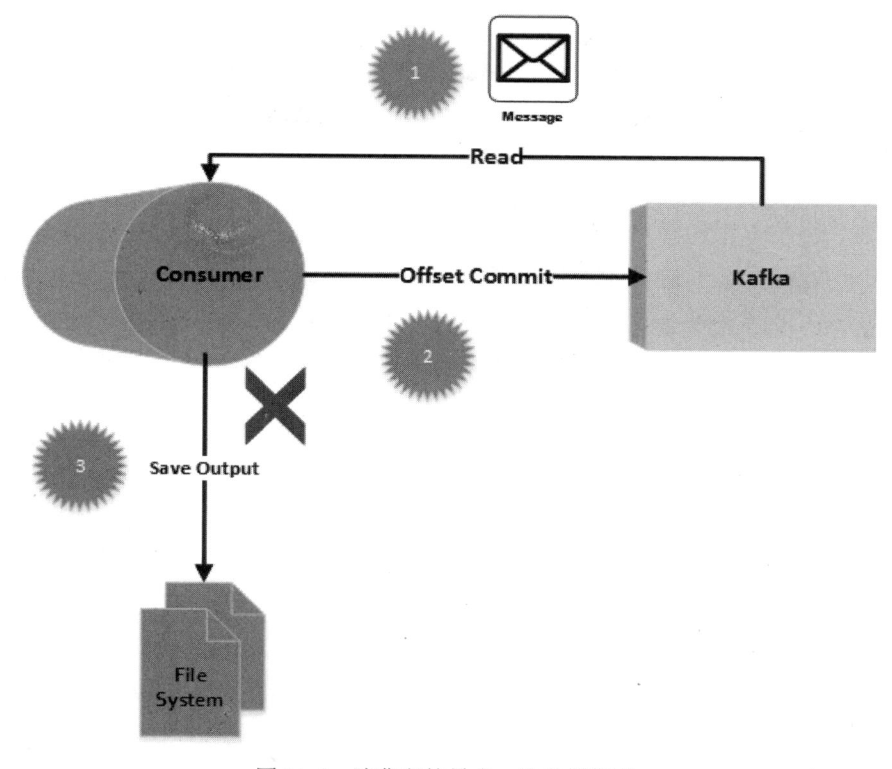

图 11-5　消费者的最多一次传递语义

在消费者环境中，如图 11-5 所示，最多一次处理对应的事实是：消费者已经读取到消息（步骤 1）并提交消息偏移量（步骤 2），然而，它在提交消息偏移量之后和保存消息到输出文件（步骤 3）以进一步处理之前发生奔溃。如果消费者重新启动，它将从下一个偏移量开始读取，因为之前的偏移量已经提交，这将会导致消息丢失。

正好一次传递

正好一次传递需要在完整的消息系统中进行理解，而不仅仅是在生产者或消费者环境中。

正好一次的语义（Exactly once delivery）是指确保 broker 或消费者只接收一条消息，而不考虑生产者发送这条消息的次数。

为了确保正好一次传递，Kafka 对幂等生产者有些规定。这些类型的生产者确保一个，并且只有一个，消息被写入 Kafka 日志，这将与生产者一方的重试次数无关。

幂等生产者为每批消息生成唯一的密钥标识符。这个唯一标识符在消息重试时保持不变。当这批次消息通过 broker 在 Kafka 日志中存储时，它们也有一个唯一的数字。因此，下次当 broker 收到一个已经有唯一标识符的消息批次时，它们就不会再写那些消息了。

另一个功能是新版本的 Kafka 提供了对事务的支持，支持事务 API，它确保消息一次写入多个分区。生产者可以通过事务 API 将一批消息发送到多个分区。最终，任何一批的消息都可以供消费者读取，或者消费者读取不了任何消息。有了这两个生产者特性，就可以确保生产者应用程序的正好一次传递语义。

在消费者方面，你有两个选项来读取事务性的消息，通过如下的消费者配置参数 isolation.level 的值来表示：

- read_committed：除了读取不属于事务的消息之外，还可以读取事务提交后的消息。
- read_uncommitted：这允许在不等待事务提交的情况下，以偏移量的顺序读取所有消息。这个选项类似于 Kafka 消费者的当前语义。

为了使用事务，你需要配置消费者去使用正确的 isolation.level，使用新的生产者 API，并且设置生产者的 transaction.id 为唯一的 ID。这个唯一的 ID 需要在应用程序重新启动时提供事务状态的连续性。

最后，我们再来总结一下 Kafka 支持正好一次处理语义的主要方面：

- 幂等生产者：保证发送单个分区的消息只会发送一次，不会出现重复发送消息。
- 事务：保证消息原子性地写入到多个 Kafka 分区，即写入到多个分区的消息要么全部成功，要么全部回滚。
- 流处理正好一次语义：其实 Kafka 也支持流处理的正好一次处理语义，保证 Kafka Streams 的整个过程操作是原子性的。

大数据和 Kafka 常见的使用模式

在大数据世界中，Kafka 可以应用在很多方面。Kafka 的常见使用模式之一是将其用作流数据平台。它支持从各种来源存储流数据，并且数据可以在以后用于实时或批处理。

图 11-6 显示了使用 Kafka 作为流数据平台的典型模式。

图 11-6　Kafka 作为流数据平台

上面的图描述了 Kafka 如何用于从各种数据源存储事件。当然，根据数据源的类型，数据摄取机制会有所不同。但是，一旦数据存储在 Kafka topic 中，它就可以用于数据搜索引擎、实时处理或警报，甚至可以用于批处理。

批处理引擎，例如 Gobblin，从 Kafka 读取数据，并使用 Hadoop MapReduce 在 Hadoop 中存储数据。实时处理引擎，如 Storm 可以读取数据。微批处理引擎，例如 Spark 可以读取 Kafka topics 的数据，并使用它们的分布式引擎处理记录。类似地，像 Kafka Connect 这样的组件可以用来将 Kafka 数据索引到搜索引擎中，比如 Elasticsearch。

如今，Kafka 被用于微服务或基于 IOT 的体系结构。这些类型的架构是由请求响应和基于事件的方法驱动的，而 Kafka 是其中的中心部分。服务或 IOT 设备会引发 Kafka brokers

接收事件，然后可以使用这些消息进行进一步的处理。

总的来说，Kafka 由于其高扩展性和性能驱动设计，被用作许多不同类型应用程序的事件存储，包括大数据应用程序。

Kafka 和数据治理

在任何企业级别的 Kafka 部署中，你都需要构建一个可靠的治理框架，以确保机密数据的安全性，以及谁在处理数据，以及在数据上执行什么样的操作。此外，治理框架确保了谁可以访问哪些数据以及谁可以对数据元素执行操作。有一些可用的工具，例如 Apache Atlas 和 Apache Ranger，它们将帮助你围绕 Kafka 定义适当的治理框架。

Kafka 的基本数据元素是 **Topic**。你应该围绕 **Topic** 数据元素定义所有的治理流程。

图 11-7 展示了如何使用 Apache Atlas 和 Ranger 在 Kafka 中应用数据治理。

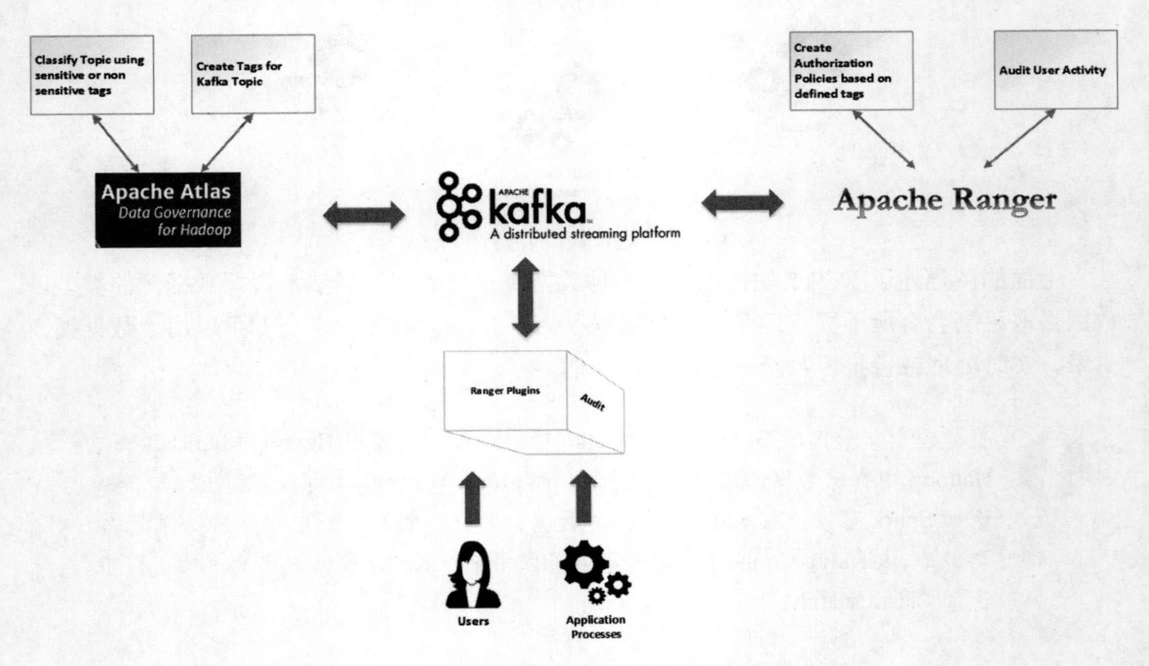

图 11-7　应用在 Kafka 中的 Atlas 数据治理

为了概述图表，我们总结以下步骤：

1. 在 Apache Atlas 中创建标签（Tag）。每个标签对应于 Kafka 中的 Topic 数据元素。你可以利用 Topic 标签将数据分类为敏感或非敏感。

2. 使用 Atlas 和 Ranger 集成，将 Atlas 中创建的标签同步到 Ranger 中。

3. 同步完成后，使用这些标签为用户或应用程序定义授权策略，这些策略将访问 Kafka topics。

4. Ranger 也可以用于审计目的。

前面的步骤只是一个方向性的，可以向你简要介绍如何将数据治理应用到 Kafka topics。如果你想深入了解更多细节，可以查看 Hortonworks 官网，以及 Apache 上面关于 Apache Atlas 和 Apache Ranger 的相关文档。

报警和监控

如果你已经正确配置了 Kafka 集群，并且它运行良好，那它就可以处理大量数据。如果将 Kafka 作为数据管道中的集中式消息系统，并且许多应用程序都依赖于它，那么 Kafka 集群中的任何集群灾难或瓶颈都可能影响到依赖于 Kafka 的所有应用程序的性能。因此，重要的是要有一个适当的报警和监控系统，以便给我们提供关于 Kafka 集群健康的重要信息。

让我们来讨论一下报警和监控的一些好处：

- 避免数据丢失：有时可能会出现一些 topics 处于“under replicated”状态，即这些副本处于同步失败或失效状态，集群中可用的副本数量较少，意味着数据没有被复制到足够数量的 brokers。如果有更多这样的分区，那么丢失分区数据的风险就会增加。适当的触发系统可以帮助我们避免这些问题，以便在任何分区完全不可用之前采取必要的操作。
- 生产者性能：报警和监控系统也将帮助我们通过观察其指标来提高生产者的性能。我们可能会发现，生产者生产的数据比它所能发送的要多，或者我们可能会发现，生产者内存不足以缓冲分区数据。为这种场景获取报警将帮助我们调优（tune）生产者应用程序。
- 消费者性能：我们也可以观察到，消费者不能像生产者生产数据那样快速地处理数据，或者消费者由于某些网络带宽问题不能消费数据。如果监控这些场景的消费者指标，我们可能会发现改进消费者应用程序的范围。

- 数据可用性：有时候，分区的 leaders 没有被分配，或者需要时间来完成分配。在这种情况下，这些分区将不能用于任何读和写操作。如果我们事先找到了这样的信息，我们可以避免应用程序尝试和重新尝试读和写哪些不可用的分区 leaders。

除了上面列出的内容之外，为 Kafka 提供报警和监控系统还有很多好处，当然讲述这些内容就超出了这本书的范围。

有用的 Kafka 指标

对于有用的监控和性能度量，我们需要有特定的指标，本节将讨论这些指标。

我们将详细研究 Kafka 集群组件的指标。这些指标如下：

- Kafka 生产者指标
- Kafka broker 指标
- Kafka 消费者指标

Kafka 生产者指标

生产者负责生产数据到 Kafka topics。如果生产者失败，消费者将不会有任何新的消息来消费，它将被闲置。在实现高吞吐量和延迟方面，生产者的性能也起着十分重要的作用。让我们来看一下 Kafka 生产者的几个重要的指标：

- 响应速率：生产者将记录发送给 Kafka broker，当一条消息被写入到一个副本以备请求时，broker 确认。要求 acks 设置为-1。响应速率取决于分配给该属性的值。如果设置为-0，在将数据写入磁盘之前收到生产者的请求，broker 将立即返回响应。如果设置为 1，则生产者首先将数据写入其磁盘，然后返回响应。显然，更少的写操作会导致高性能，但是在这种情况下会有丢失数据的机会。
- 请求速率：请求速率是生产者在给定时间内产生的记录数。
- I/O 等待时间：生产者发送数据，然后等待数据。当生产速率大于发送速率时，它可以等待网络资源。生产者速率低的原因可能是磁盘访问速度慢，并且检查 I/O 等待时间可以帮助我们确定读取数据的性能。更多的等待时间意味着生产者不会很快接收到数据。在这种情况下，我们可能希望使用快速访问存储，比如 SSD。

- 失败的发送速率：这使得消息请求的数量每秒都失败。如果有更多的消息失败，它会触发警报，找出问题的根源，然后修复它。
- 缓冲区总字节：这表示生产者在将数据发送给 brokers 之前可以使用的最大内存去缓冲数据。最大缓冲区大小将导致高吞吐量。
- 压缩率：这表示用于 topic 的批记录的平均压缩率。更高的压缩率会触发我们改变压缩类型，或者寻找降低压缩率的方法。

Kafka broker 指标

Brokers 负责服务生产者和消费者的请求。它们还包含重要的指标，可以帮助你避免一些关键问题。这里有很多可用的指标，但是我们只研究几个重要的指标，如表 11-1 所示。

对于更多的指标，请访问网址 https://kafka.apache.org/documentation/#monitoring。

表 11-1　Brokers 指标

指标	描述
Kafka.server:type=ReplicaManager, name=UnderReplicatedPartitions	表示未被复制的分区的数量。在 broker 失败的情况下，更多的未被复制的分区可能导致丢失更多的数据
kafka.controller:type=KafkaController, name=OfflinePartitionsCount	表示由于这些分区没有活动的 leader，所以无法读取或写入的分区总数
kafka.controller:type=KafkaController, name=ActiveControllerCount	定义了每个集群中活动 Controllers 的数量。每个集群不应该有多个活动 Controllers
kafka.server:type=ReplicaManager, name=PartitionCount	表示 broker 上的分区数。所有 brokers 的值应该是相等的
kafka.server:type=ReplicaManager, name=LeaderCount	代表了 broker 上的 leaders 的数量。这也应该平均分布在所有的 brokers 上；如果没有平均分布的话，我们应该为 leader 启用自动 rebalancer

Kafka 消费者指标

消费者负责从 topic 中获取数据并根据需要对其进行一些处理。有时，你的消费者可能反应慢，或者表现得不可接受。下面是一些重要的度量指标，它们将帮助你识别一些参数，这些参数表明了在消费者方面可以使用的优化配置方法：

- records-lag-max：生产者当前偏移量和消费者当前偏移量之间的计算差值称为 record lag。如果差值非常大，则说明消费者处理数据比生产者慢得多。它发送报警采取合适的行动解决这个问题，要么通过添加更多的消费者实例，要么通过增加分区和同时增加消费者来解决这个问题。
- bytes-consumed-rate：这表示消费者每秒消耗的字节数。它有助于识别消费者的网络带宽。
- records-consumed-rate：这定义每秒消费的消息数量。这个值应该是常量，并且通常在与 bytes-consumed-rate 比较时是有帮助的。
- fetch-rate：这表示消费者每秒获取的记录数。
- fetch-latency-max：这表示获取请求所需的最长时间。如果值是比较高，它会触发优化消费者应用程序。

在 Kafka 文档（https://kafka.apache.org/documentation.html#monitoring）中能查到更多的参数，建议你详细了解一下。

总 结

我们向你介绍了在大数据应用程序中使用 Kafka 的一些方面。到本章末尾，你应该清楚地了解如何在大数据应用程序中使用 Kafka。Volume 是任何大数据应用程序的重要方面之一。因此，在本章中，我们用专门的部分来介绍它，因为你在管理 Kafka 中的高容量时需要注意一些细节。传递语义是你应该记住的另一个方面。根据你对传递语义的选择，你的处理逻辑会有所不同。此外，我们还介绍了在没有数据丢失时的一些处理失败的最佳方法，以及一些治理原则，这些原则可以在使用 Kafka 的大数据管道中应用。我们让你了解了如何监控 Kafka，以及一些有用的 Kafka 指标。你已经了解 Kafka 消费者在一些高级使用方面非常值得了解的详细信息，包括高容量、消息传递语义的重要方面、Kafka 中的数据治理和 Kafka 监控和报警。

在下一章中，我们将详细介绍 Kafka 的安全性。

第 12 章 Kafka 安全

在前面的章节中，学习了如何使用 Kafka。在这一章中，我们更关注 Kafka 的安全方面。Kafka 的安全是企业采用 Kafka 的一个重要方面。组织机构有许多敏感信息需要存储在安全的环境中以确保安全合规。在本章中，我们将讨论在 Kafka 中保护敏感信息的方式，同时也会重点讨论 Apache Kafka 的不同安全方面，内容覆盖以下主题：

- Kafka 安全的概述
- SSL 有线加密（Wire Encryption）
- Kerberos SASL 验证
- 理解 ACL 和授权
- 理解 Zookeeper 身份验证
- Apache Ranger 授权
- Kafka 安全的最佳实践

Kafka 安全的概述

Kafka 可以用作一个集中式事件数据存储，接收来自各种来源的数据，比如微服务和数据库。

在 Kafka 的任何企业部署中，安全性应该从 5 种范式中进行研究，它们说明如下：

- 认证（Authentication）：这确定了哪个客户端（生产者或消费者）试图去使用 Kafka 服务。Kafka 支持 Kerberos 身份认证机制。

- 授权（Authorization）：这就建立了客户端（生产者或消费者）在 topics 上有哪种类型的权限。Kafka 支持 ACLs 的授权。Apache 工具，比如 Ranger，也可以用于 Kafka 授权。
- 有线加密（Wire encryption）：这确保了在网络上传输的任何敏感数据都是加密的，而不是纯文本。Kafka 支持客户端（生产者或消费者）和 broker 之间的 SSL 通信，甚至可以对 broker 间的通信进行加密。
- Encryption At Rest：这确保了存储在磁盘上的任何敏感数据都是加密的。Kafka 不支持对磁盘上的数据直接进行加密。但是，你可以使用 OS 级别的磁盘加密技术，也有很多第三方付费服务可以支持这种方式的加密。
- 审计（Auditing）：这是为了确保每个用户活动都会被记录并做分析以满足安全合规。Kafka 日志是一个非常有用的审计工具。除此之外，Apache Ranger 也提供了审计功能。

图 12-1 总结了不同的 Kafka 安全范式。

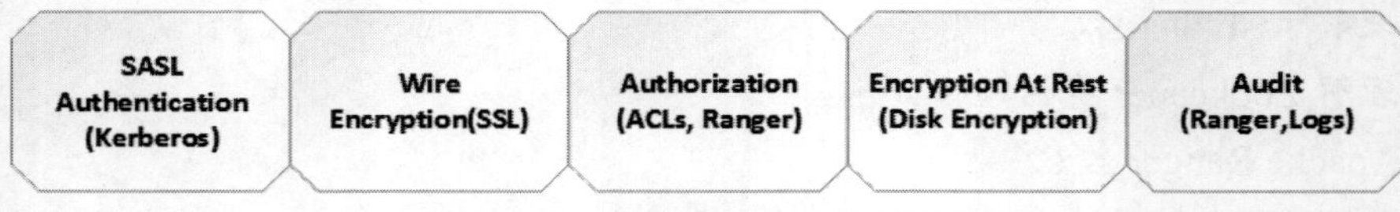

图 12-1　不同的 Kafka 安全范式

SSL 有线加密

在 Kafka 中，你可以开启 SSL（Secure Sockets Layer）有线加密。在 Kafka 网络上的任何数据通信都可以用 SSL 有线加密。因此，你可以加密 Kafka brokers（复制）或客户端和 broker（读或写）之间的任何通信。

图 12-2 显示了 SSL 加密在 Kafka 中的工作原理。

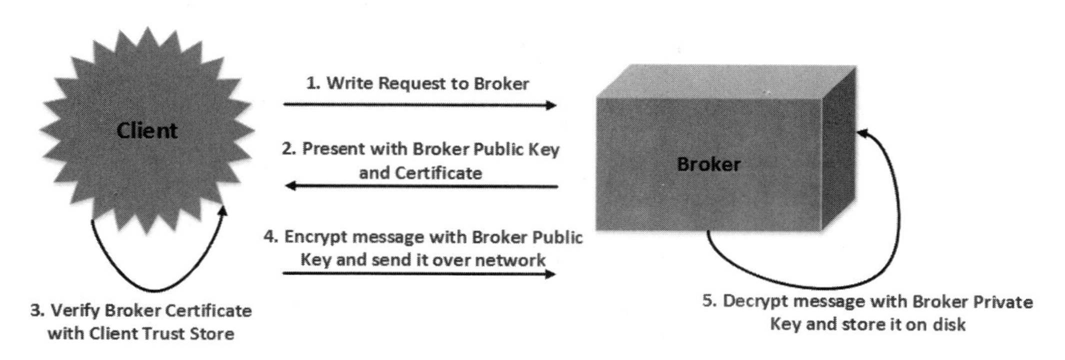

图 12-2　SSL 加密在 Kafka 中的工作原理

图 12-2 描述了 broker 和客户端之间的通信是如何加密的。这对于生产者和消费者通信都是有效的。每个 broker 或客户端都维持其密钥（key）和证书（certificate）。他们还维护包含认证证书的 truststore。每当提交证书进行身份验证时，都会对存储在各个组件的 truststore 中的证书进行验证。

Kafka 启用 SSL 的步骤

现在让我们看一下在 Kafka 中启用 SSL 的步骤。在开始之前，你应该生成密钥（key）、SSL 证书（SSL certificate）、keystore 和 truststore，这些将被 Kafka 客户端和 brokers 使用。你可以参考链接 https://kafka.apache.org/documentation/#security_ssl_key 去创建 broker 的密钥（keys）和证书（certificate），然后参考链接 https://kafka.apache.org/documentation/#security_ssl_ca 去创建你自己的 CA（certificate authority），最后再参考链接 https://kafka.apache.org/documentation/#security_ssl_signing 去签名证书。你还应该为客户端（生产者和消费者应用程序）做同样的操作处理。完成创建证书之后，你可以使用以下步骤启用 Kafka SSL。

为 Kafka broker 配置 SSL

每个 broker 服务器需要进行以下更改：

1. 为了开启 brokers 间的 SSL 内部通信，请在 broker 属性配置文件中进行如下更改：

```
security.inter.broker.protocol=SSL
```

2. 为了配置通信协议和设置 SSL 端口，请在 server 属性配置文件中进行以下更改：

```
listeners=SSL://host.name1:port,SSL://host.name2:port
```

如果你还没有为 brokers 内部间通信设置 SSL，那你需要设置 listeners 属性，比如：listeners=PLAINTEXT://host.name:port,SSL://host.name:port

1. 为了给每个 broker 提供 SSL 的 keystore 和 truststore 路径，你应该在每个 broker 的 server 属性配置文件中进行以下更改：

```
ssl.keystore.location=/path/to/kafka.broker.server.keystore.jks
ssl.keystore.password=keystore_password
ssl.key.password=key_password
ssl.truststore.location=/path/to/kafka.broker.server.truststore.jks
ssl.truststore.password=truststore_password
```

也可以使用一些其他额外的属性配置，比如 security.inter.broker.protocol。访问链接 https://kafka.apache.org/documentation/#security_configbroker 以获取更多的属性配置信息。

JSSE 使用 truststore 和 keystore 文件来提供客户端和服务器之间的安全数据传输。keytool 是一个工具，可以用来创建包含公钥和密钥的 keystore 文件，并且利用 keystore 文件来创建只包含公钥的 truststore 文件。

为 Kafka 客户端配置 SSL

Kafka 生产者和消费者的配置属性是相同的。下面是为启用 SSL 设置的配置属性。如果不需要客户端身份验证（ssl.client.auth = none），则需要设置以下属性：

```
security.protocol=SSL
ssl.truststore.location=/path/to/kafka.client.truststore.jks
ssl.truststore.password=truststore_password
```

从技术上讲，你可以在没有密码的情况下使用 truststore，但是我们强烈建议使用 truststore 密码，因为它有助于完整性检查。

如果需要客户端身份验证（ssl.client.auth=required），则需要设置以下属性：

```
security.protocol=SSL
ssl.truststore.location=/path/to/kafka.client.truststore.jks
ssl.truststore.password=truststore_password
ssl.keystore.location=/path/to/kafka.client.keystore.jks
ssl.keystore.password=keystore_password
ssl.key.password=key_password
```

Kerberos SASL 认证

Kerberos 是客户端或服务器在安全网络上的身份验证机制。它提供身份验证，而无须通过网络传输密码。它通过使用对称密钥加密生成的时间敏感的票据（tickets）进行工作。

Kerberos 是在最广泛使用的基于 SSL 的身份验证中选择出来的验证方式。它具有以下优点：

- 更好的性能：Kerberos 使用对称密钥操作，它这有助于更快的身份验证，这与基于 SSL 的身份验证不同。
- 与企业身份认证服务器的简单集成：Kerberos 是已建立的身份验证机制之一。身份认证服务器（如 Active Directory）支持 Kerberos。通过这种方式，像 Kafka 这样的服务可以很容易地与集中式身份验证服务器集成。
- 更简单的用户管理：在 Kerberos 中创建、删除和更新用户非常简单。例如，可以通过简单地从集中管理的 Kerberos 服务器中删除用户来移除一个用户。而对于 SSL 身份验证，必须从所有服务器的 truststores 中删除证书。
- 在网络上免（没有）密码传输：Kerberos 是一种安全的网络身份验证协议，它为客户端/服务器应用程序提供强大的身份验证，而无须在网络上传输密码。Kerberos 工作是通过使用对称密钥加密生成的时间敏感的票据进行工作的。
- 可伸缩：KDC 保存密码或秘钥。这使得系统可伸缩，以便对大量的 entities 进行身份验证，因为 entities 只需要知道自己的密匙，并在 KDC 中设置适当的密钥。

让我们了解一下 Kerberos 身份验证是如何在 Kafka 中工作的。它们需要从不同的角度来看待，需要了解服务和客户端是如何通过身份验证的，以及通过身份验证的客户端和经过身份验证的服务之间是如何通信的。我们还需要详细了解如何在 Kerberos 身份验证中使用对称密钥加密，以及如何在网络上不传递密码。

服务在启动过程中使用 Kerberos 进行身份验证。在启动过程中，Kafka 服务将通过使用配置文件直接使用服务 Principal（Kerberos 主体，Principal 是用来表示客户端和服务端身份的实体）和 keytab（用途和密码类似，用于 Kerberos 认证登录）对 KDC 进行身份验证。同样地，对于终端用户来说，在通过客户端工具或其他机制访问 Kafka 服务时，使用自己的用户 Principal 对 Kerberos 进行身份验证是非常必要的。

图 12-3 展示了 Kerberos 身份验证是如何工作的。

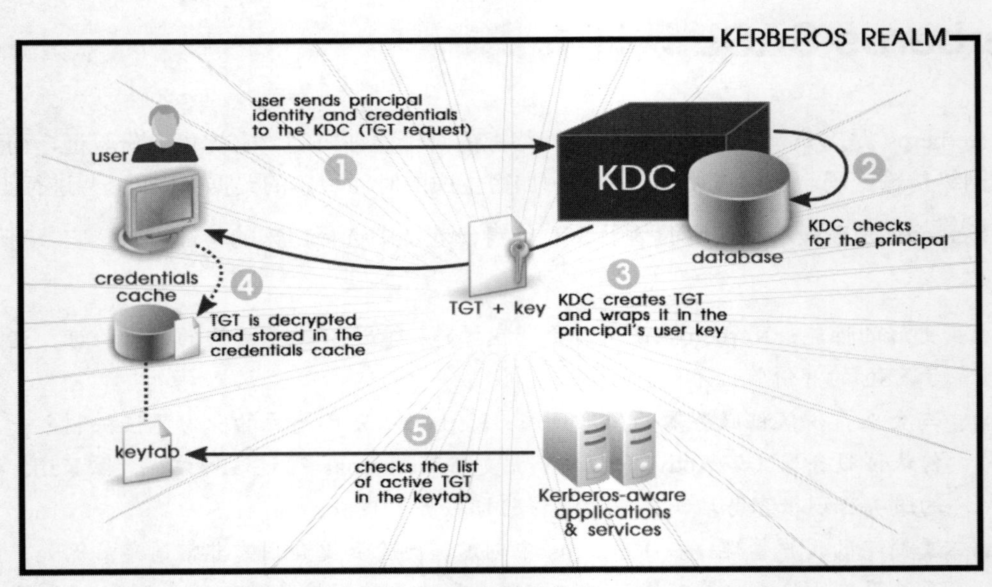

图 12-3　Kerberos 用户身份验证（参考：access.redhat.com）

为了进一步探讨这个问题，让我们来看一下 Kafka SASL 身份验证是如何工作的。图 12-4 显示了 Kafka Kerberos 身份验证所涉及的步骤。

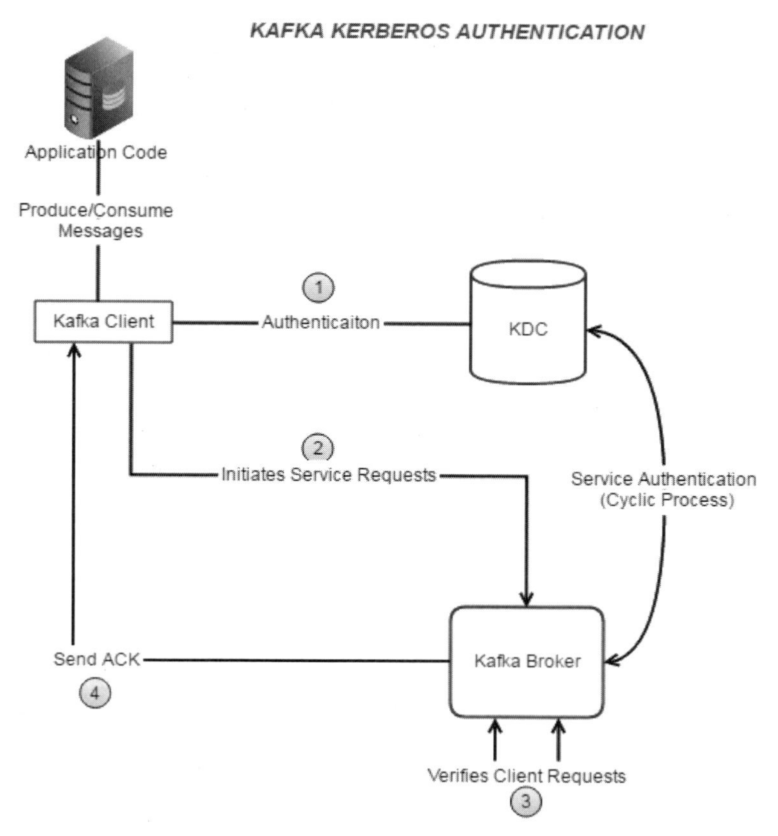

图 12-4　Kafka Kerberos 用户身份验证步骤

在 Kafka 中启用 SASL/GSSAPI 的步骤

在下面的章节中，我们将介绍在 Kafka 中启用 Kerberos 身份验证所需的配置。我们将把这个配置分为两个部分：一个是关于 broker SASL（Simple Authentication and Secure Layer）配置；另一个是关于客户端 SASL 配置。

为 Kafka broker 配置 SASL

下面介绍如何为 Kafka broker 配置 SASL。

1. 为每个 broker 服务器创建 JAAS 配置文件，使用以下配置作为 JAAS 文件的内容：

```
KafkaServer {
```

```
  com.sun.security.auth.module.Krb5LoginModule required
  useKeyTab=true
  keyTab="/path/to/kafka.service.keytab"
  storeKey=true
  useTicketCache=false
  serviceName="kafka"
  principal="kafka/brokerhost.fqdn@REALM";
};

// used for zookeeper connection
Client {
  com.sun.security.auth.module.Krb5LoginModule required
  useKeyTab=true
  keyTab="/path/to/kafka.service.keytab"
  storeKey=true
  useTicketCache=false
  serviceName="zookeeper"
  principal="kafka/brokerhost.fqdn@EXAMPLE.COM";
};
```

2. 一旦你将 JAAS 配置文件保存到特定位置，你可以将 JAAS 文件位置传递给每个 broker 的 JAVA OPTS，如下代码所示：

```
-Djava.security.auth.login.config=/path/to/kafka_broker_jaas.conf
```

3. 对 broker 服务器的 server.properties 文件进行以下更改。如果在 Kafka 中启用了 SSL，可以更改以下属性文件：

```
listeners=SASL_SSL://broker.host.name:port
advertised.listeners=SASL_SSL://broker.host.name:port
security.inter.broker.protocol=SASL_SSL
sasl.mechanism.inter.broker.protocol=GSSAPI
sasl.enabled.mechanisms=GSSAPI
sasl.kerberos.service.name=kafka
```

4. 如果你在 Kafka 中没有启用 SSL，请更改以下属性文件：

```
listeners=SASL_PLAINTEXT://broker.host.name:port
advertised.listeners=SASL_PLAINTEXT://broker.host.name:port
```

```
security.inter.broker.protocol=SASL_PLAINTEXT
sasl.mechanism.inter.broker.protocol=GSSAPI
sasl.enabled.mechanisms=GSSAPI
sasl.kerberos.service.name=kafka
```

为 Kafka 客户端配置 SASL ——生产者和消费者

要为 Kafka 客户端配置 SASL，请遵循以下说明。

1. 你应该执行的第一步是为每个生产者和消费者应用程序创建 JAAS 配置文件。使用以下的配置作为 JAAS 文件的内容：

```
sasl.jaas.config=com.sun.security.auth.module.Krb5LoginModule required
useKeyTab=true
storeKey=true
keyTab="/path/to/kafka_client.keytab"
principal="kafka_client@REALM";
```

2. 前面提到的 JAAS 配置是用于 Java 进程或作为生产者或消费者的应用程序。如果你想要使用 SASL 认证来使用命令行工具，请使用以下配置：

```
KafkaClient {
com.sun.security.auth.module.Krb5LoginModule required
useTicketCache=true;
};
```

3. 一旦你将 JAAS 配置保存到特定位置，你就可以把 JAAS 文件位置传递给每个客户端的 JAVA OPTS，如下所示：

```
-Djava.security.auth.login.config=/path/to/kafka_client_jaas.conf
```

4. 对 producer.properties 或 consumer.properties 文件进行以下更改。如果在 Kafka 中启用了 SSL，可以更改以下属性文件：

```
security.protocol=SASL_SSL
sasl.mechanism=GSSAPI
sasl.kerberos.service.name=kafka
```

5. 如果你在 Kafka 中没有启用 SSL，请更改以下属性文件：

```
security.protocol=SASL_PLAINTEXT
sasl.mechanism=GSSAPI
sasl.kerberos.service.name=kafka
```

Kafka 支持其他类型的 SASL 机制，例如：

- PLAIN（https://kafka.apache.org/documentation/#security_sasl_plain）
- SCRAM-SHA-256（https://kafka.apache.org/documentation/#security_sasl_scram）
- SCRAM-SHA-512（https://kafka.apache.org/documentation/#security_sasl_scram）

你也可以使用它们。然而，GSSAPI（Kerberos）是经常被采用的，因为它很容易与支持 Kerberos 的 Hadoop 服务集成。

理解 ACL 和授权

Apache Kafka 提供了一个可插拔的认证器，称为 Kafka 的 ACL（Authorization Command Line）接口，该接口用于定义用户，允许或拒绝它们访问其各种 API。默认行为是只有超级用户才能访问 Kafka 集群的所有资源，如果没有为这些用户定义合适的 ACL，那么没有其他用户可以访问这些资源。定义 Kafka ACL 的一般格式如下（Kafka 官方定义）：

```
Principal P is [Allowed/Denied] Operation O From Host H On Resource R.
```

本定义所使用的术语如下：

- Principal 是指可以访问 Kafka 的用户。
- Operation 是指读、写、描述、删除等。
- Host 是指 Kafka 客户端的 IP，它试图连接到 broker。
- Resource 是指 Kafka 资源，如 topic、group、cluster。

下面我们讨论一些常见的 ACL 类型：

- Broker 或 Server ACL：brokers 之间的操作，如更新 broker 和分区元数据，更改分区的 leader 等，需要得到授权。broker 还需要访问 topic 的权限，因为 broker 要执行复制和 topic 上的一些内部操作，并且还需要对 topic 进行读和描述操作的访问。

- Topic：使用 Kafka 客户端连接到 brokers 以创建 topic 将需要 Read 和 Describe 权限。有时，由于安全策略，客户端不允许在集群中创建 topics，在这种情况下，它们需要连接到 Admin 以创建 topic。
- Producer（生产者）：生产者负责为 topic 生成数据，并将其存储在 topic 分区中。这需要在 topic 资源上有 Read 和 Write 访问权限。
- Consumer（使用者）：消费者从 topic 中读取数据，因此，在 topic 的资源上需要 **Read** 操作访问权限。

常见的 ACL 操作

现在我们来看看 ACL 的基本操作。

1. Kafka 提供了一个简单的 authorizer（认证器）。如果要启用此 authorizer，请将以下代码添加到 Kafka 的服务器属性中：

```
authorizer.class.name=kafka.security.auth.SimpleAclAuthorizer
```

2. 如前所述，默认情况下，如果没有找到 ACL，那么只有超级用户才能访问资源。但是，如果我们想让每个人在没有 ACL 的情况下访问资源，则可以更改此行为。将以下行添加到服务器属性中：

```
allow.everyone.if.no.acl.found=true
```

3. 还可以向你的 Kafka 集群添加更多的超级用户，即将用户添加到服务器属性文件中：

```
super.users=User:Bob;User:Alice
```

4. 添加 ACL：可以使用命令行接口添加 ACL。例如，如果你想要添加一个 ACL，其中 principals User: Chanchal 和 User: Manish 可以被允许在 10.200.99.104 和 10.200.99.105 的 topic 为 Packt 上执行 Read 和 Write 操作，可以使用以下命令来完成：

```
kafka-acls.sh --authorizer kafka.security.auth.SimpleAclAuthorizer
--authorizer-properties zookeeper.connect=localhost:2181 --add
--allow-principal User:Chanchal --allow-principal User:Manish --allow-host
10.200.99.104 --allow-host 10.200.99.105 --operation Read --operation Write
--topic Packt
```

如果你想限制用户或主机访问 topic，那可以使用--deny-principal 和--deny-host 选项。

5. 删除 ACL：前面添加的 ACL 可以使用以下命令删除：

```
kafka-acls.sh --authorizer kafka.security.auth.SimpleAclAuthorizer
--authorizer-properties zookeeper.connect=localhost:2181 --remove
--allow-principal User:Chanchal --allow-principal User:Manish --allow-host
10.200.99.104 --allow-host 10.200.99.105 --operation Read --operation Write
--topic Packt
```

ACLs 列表

你也可以列出所有应用于下列资源的 ACLs：

1. 例如，如果你希望查看应用在 topic 为 Packt 中的所有 ACLs，你可以使用以下命令来完成：

```
kafka-acls.sh --authorizer kafka.security.auth.SimpleAclAuthorizer
--authorizer-properties zookeeper.connect=localhost:2181 --list --topic
Packt
```

2. 生产者和消费者 ACL: 添加用户作为生产者或消费者是在 Kafka 中使用的非常常见的 ACL。如果你想添加用户 Chanchal 作为 topic 为 Packt 的生产者，可以使用以下简单命令来完成：

```
kafka-acls.sh --authorizer-properties zookeeper.connect=localhost:2181
--add --allow-principal User:Chanchal --producer --topic Packt
```

3. 要添加一个消费者 ACL，Manish 将作为消费者组 G1 中的 topic 为 Packt 的消费者，可以使用以下命令实现：

```
kafka-acls.sh --authorizer-properties zookeeper.connect=localhost:2181
--add --allow-principal User:Manish --consumer --topic Packt --group G1
```

4. 这里有很多资源可以创建 ACL 列表，允许或者不允许特定用户访问特定资源。覆盖所有的 ACLs 内容已经超出这本书的范围，更多相关的内容请参考官方文档。

Zookeeper 身份验证

Zookeeper 提供 Kafka 的元数据服务。支持 SASL 的 Zookeeper 服务首先对存储在 Zookeeper 中的元数据进行身份验证。Kafka brokers 需要通过 Kerberos 身份验证自己去使用 Zookeeper 服务。如果验证通过，将 Kerberos 票据（ticket）提交给 Zookeeper，然后它提供对存储在其中的元数据的访问。在有效身份验证之后，Zookeeper 将建立连接用户或服务标识（identity）。然后使用该标识授权访问由 ACLs 保护的元数据 Znodes。

需要了解的一件重要事情是，Zookeeper ACLs 限制对 Znodes 的修改。任何客户端都可以读取 Znodes。这种行为背后的原理是，敏感数据不存储在 Zookeeper 中。但是，未经授权的用户的修改会破坏集群的行为。因此，Znodes 是全局可读的，但不是全局可修改的。尽管必须建立身份验证，而不考虑你在 Znodes 上有什么类型的访问权限，没有一个有效的 Kerberos 票证，你根本无法访问 Zookeeper 服务。

在一个高度安全的集群中，为了降低这种风险，你可以通过防火墙使用网络 IP 过滤来限制选择服务器的 Zookeeper 服务访问。Zookeeper 认证使用 Java 认证和授权服务（JAAS）建立连接客户端的登录环境。JAAS 使用一个标准配置文件建立了登录环境，它指导代码使用登录环境来驱动身份验证。JAAS 登录环境可以通过以下两种方式定义：

1. 一个是使用 Kerberos keytabs。这样的登录环境示例可以如下所示：

```
Client {
  com.sun.security.auth.module.Krb5LoginModule required
  useKeyTab=true
  keyTab="/path/to/keytab(Kafka keytab)"
  storeKey=true
  useTicketCache=false
  principal="yourzookeeperclient(Kafka)";
};
```

2. 第二个是通过用户登录凭据（credential）缓存。这样的登录环境示例可以如下所示：

```
Client {
  com.sun.security.auth.module.Krb5LoginModule required
  useKeyTab=false
  useTicketCache=true
  principal="client@REALM.COM(Kafka)";
  doNotPrompt=true
};
```

Apache Ranger 授权

Ranger 是一个用于监视和管理整个 Hadoop 生态系统的安全性的工具。它提供了一个集中的平台，用于创建和管理跨集群的安全策略。我们将研究如何使用 Ranger 来为 Kafka 集群创建策略。

为 Ranger 添加 Kafka 服务

图 12-5 显示了 Ranger 中的用户界面，用于添加服务。我们将在这里添加 Kafka 服务，以便稍后为其配置策略。

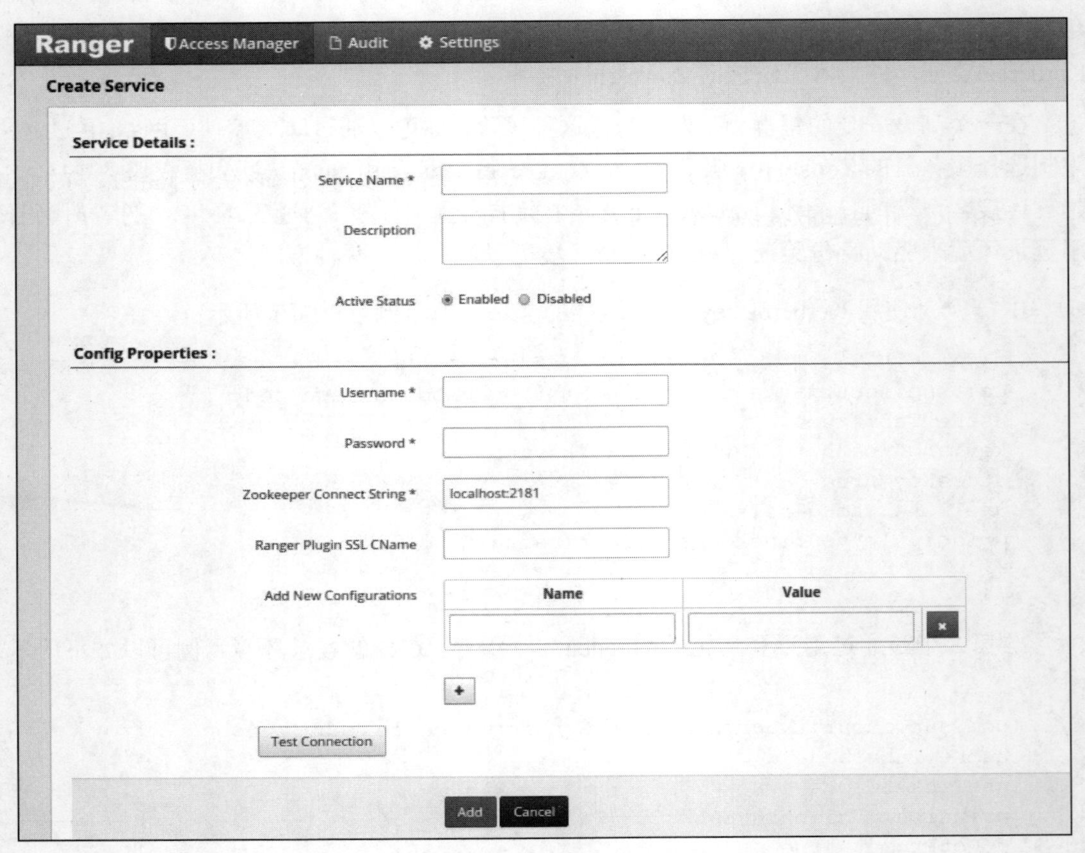

图 12-5　Ranger 中的用户界面

让我们来看看 Service Details：

- **Service name**：需要在代理配置中设置服务名称。例如，在这个案例中，它可以是 Kafka。
- **Description**：这表示该服务将做什么。
- **Active Status**：这指启用或禁用此服务。

Config properties 内容：

- **Username**：这将被用来连接到这个服务。在 Kafka 的情况下，这是一个可以访问定义的资源以配置安全性的主体（principal）。
- **Password**：这是指用户进行身份验证的密码。
- **Zookeeper Connect String**：这是指在集群上运行的 Zookeeper 的 IP 地址和端口。默认值是 localhost:2181。
- **Ranger Plugin SSL CName**：你需要安装 Ranger Kafka 插件，以便将 Kafka 与 Ranger 集成，并为证书提供一个通用名称，然后注册。

添加策略（policies）

一旦配置并启用了服务，你就可以开始添加策略，进入 Kafka 策略列表页面，它看起来像下面的截图（如图 12-6 所示）。在左侧，你可以看到 Add New Policy 选项卡。

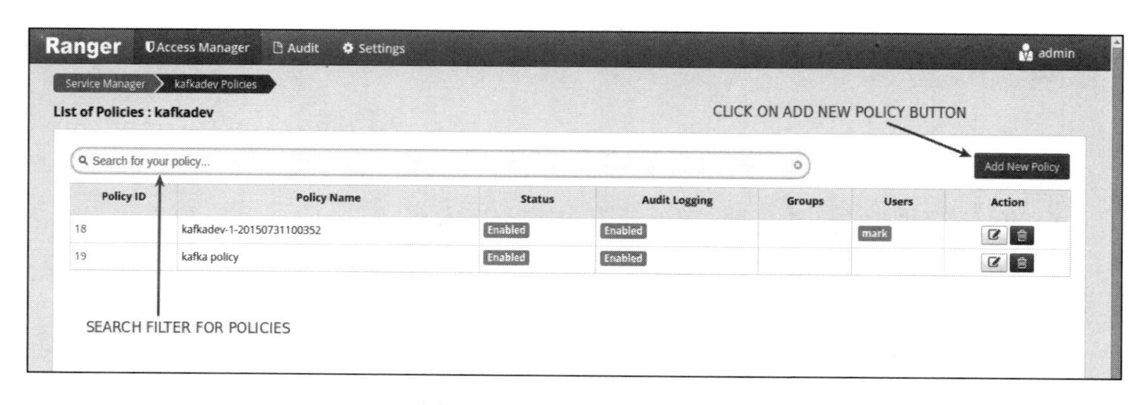

图 12-6　Kafka 策略列表页面

点击 **Add New Policy** 选项卡，你将被重定向到以下页面（如图 12-7 所示），你需要指定权限和策略细节。

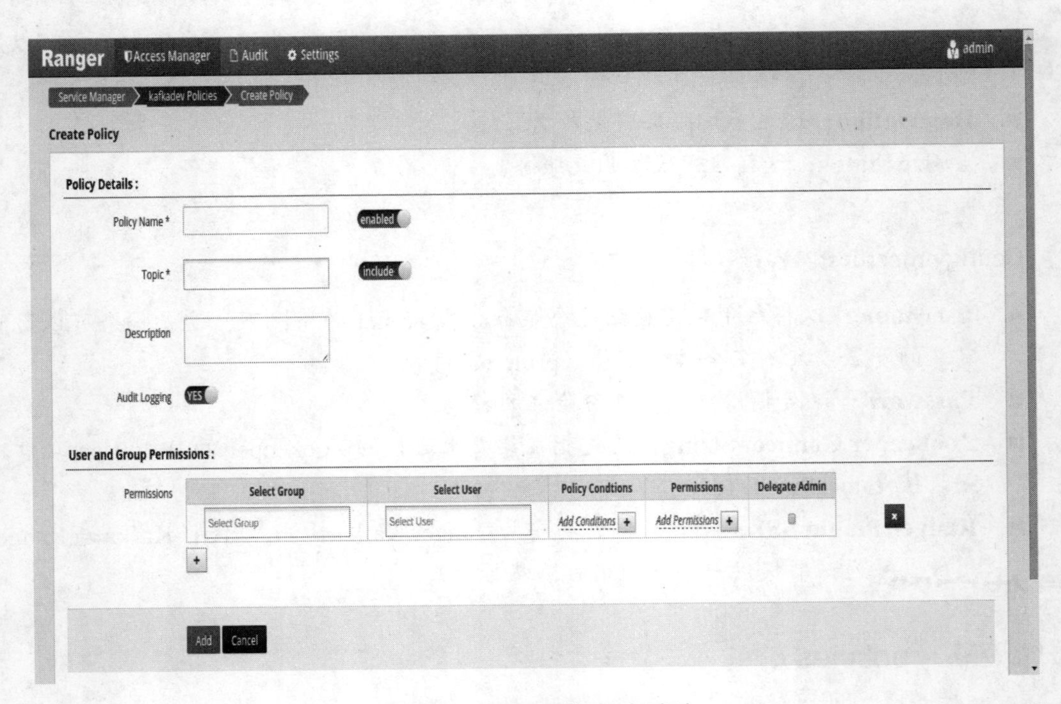

图 12-7　Kafka 添加策略页面

让我们来讨论一下前面截图中的参数，看看它们的含义。

Policy Detail：

- **Policy Name**：这定义了该策略的含义。策略名称应该与策略的目标相匹配。
- **Enable Policy**：你可以启用或禁用此策略。
- **Topic**：这指的是正在创建策略的 Kafka Topic 名称。
- **Description**：这是关于你为什么要创建此策略的详细描述。
- **Audit Logging**：需要启用或禁用审计策略。

User and Group Permission：

- **Select Group**：这是指从集群中配置的用户组列表中的用户组名称。你也可以为组分配权限。
- **Select User**：这是指用户名（Principal），该用户名来自于给定权限的组。
- **Permission**：这定义了你想授予该用户的权限类型：
- **Publish**：如果给定用户可以生成数据到 Kafka topic。
- **Consume**：如果给定的用户可以从 topic 分区中消费数据。
- **Configure**：如果给定用户可以配置 brokers/集群。
- **Describe**：获取关于 topic 的元数据的权限。
- **Kafka Admin**：如果勾选，用户将拥有管理员权限。

Ranger 很容易配置，并且提供了一个很好的用户界面。你可以安装 Ranger 并尝试使用此策略创建，上面对 Ranger 的所有图表引用都取自 https://cwiki.apache.org/confluence/display/RANGER。

最佳实践

以下是优化你的 Kafka 经验的最佳实践清单。

- 为 Kerberos 启用详细的日志：对 Kerberos 问题进行故障排除对于技术人员来说可能是一场噩梦。有时很难理解为什么 Kerberos 身份验证不起作用。同样的情况是，错误并不是非常有用的，通过查看实际的身份验证流程，你可以得到根本原因。因此，你需要给 Kerberos 一个适当的调试设置。在 Kafka 中，实际上，在任何启用 Kerberos 的 JAVA 应用程序中，你都可以使用以下属性设置 Kerberos 调试级别：

  ```
  sun.security.krb5.debug=true
  ```

- 与企业身份服务器集成：你应该始终将你的 Kerberos 身份验证与企业身份服务器集成。它有很多好处，你不必管理多个版本的用户，任何用户删除活动都是简化的。企业安全策略可以很容易地实施。
- OS 级别的 Kerberos 集成：你应该始终记住的一件重要事情是，OS 用户和组被传播到 Kerberos 身份验证，特别是当你登录到服务器并通过控制台使用 Kafka 时。将操作系统集成到企业身份服务器（如 Active Directory）总是有益的。这样，当你通过 SSH 登录到服务器时，你就会获得 Kerberos 票据，用户不必使用 Kerberos 进行单独的身份验证。

- SSL 证书轮转：你应该始终拥有为 brokers 和客户端轮转 SSL 证书的过程。SSL 证书的轮转具有这样的优势，在证书被破坏的情况下，被破坏的证书将在很短且被限制的时间内工作，直到我们用 truststores 中的新证书替换了旧证书。
- 自动化的 SSL 证书管理：这是前一点的扩展，你必须具有管理证书的自动化脚本。在典型的生产集群中，你将管理大量的服务器和进程。在大量服务器上手动执行 SSL 管理非常麻烦，而且容易出错。因此，你必须开始创建用于管理大节点 Kafka 集群中的证书的脚本。
- 安全日志聚合：你应该了解一个事实，即一个日志不会给你一个完整的关于 Kafka 集群中用户活动的全景图。因此，你应该有相应的机制或脚本，将集群中的所有服务器聚合到单个位置或文件。你可以使用诸如 Solr、Elasticsearch 或 Splunk 之类的工具对其进行索引，以便对其进行进一步的安全性分析。理想情况下，你应该聚合生产者应用程序日志、消费者应用程序日志、Kerberos 日志、Zookeeper 日志和 Broker 日志。
- 集中式安全审计：每个企业都有一个安全和审计团队。他们有一个收集系统日志到一个地方的机制，然后对恶意活动进行监视。当你在设计 Kafka 集群时，你应该总是有一些规定来将你的日志路由到企业安全监控系统。一种方法是首先聚合所有的集群日志，然后将它们路由到 syslogs 进程，以便将数据提供给 SIEM（Security Information and Event Management，安全信息和事件管理）系统以进行实时监控。另一种方法是将所有日志收集到一些 SFTP 服务器，然后将它们发送到 SIEM 系统。
- 安全漏洞报警：你可以把这看作是集中式审计系统的一部分。根据组织的政策和规则，你应该有安全漏洞报警的规定。如果你的 SIEM 系统不能执行这种警报，你可以使用 NAGIOS 和 Ganglia 之类的工具。

总　结

在本章中，我们讨论了不同的 Kafka 安全范式。本章的目的是确保你理解 Kafka 安全的不同范式。我们想让你首先了解在考虑 Kafka 安全时你应该评估哪些不同的方面。然后，我们再想谈谈如何确保 Kafka 的安全。这里需要注意的一点是，身份验证和授权是必须始终在安全的 Kafka 集群中实现的。没有这个身份验证和授权，你的 Kafka 集群就不安全。SSL 是可选的，但强烈推荐用于高度敏感的数据。本章最后介绍了 Kafka 安全方面的最佳实践，这些内容都是从实际的行业实践中获得的经验。

第 13 章 流应用程序设计的考虑

流正在成为当今处理大数据的组织机构的重要支柱。越来越多的组织机构倾向于从他们所拥有的海量数据池中获得更快的可行洞察力。他们明白，及时的数据和基于这些及时数据洞察的恰当行动对盈利能力有着持久的影响。除了实时处理之外，流还打开了通道，从一个组织机构的不同的业务单元中捕获无界的大量数据。

在考虑这些重要的益处时，本章重点讨论在设计任何流应用程序时应该牢记的因素。任何此类设计的最终结果都是由组织机构的业务目标驱动的。在任何流应用程序设计中恰当地控制这些因素有助于实现这些定义的目标。让我们逐一看看这些因素。

本章将讨论以下主题：

- 延迟和吞吐量
- 数据持久化
- 数据源
- 数据查询
- 数据格式
- 数据序列化
- 并行度
- 数据倾斜
- 无序的事件
- 内存调优

延迟和吞吐量

任何流应用程序的基本特征之一是处理来自不同来源的流入数据，并立即产生结果。延迟和吞吐量是这一期望特性的重要初始考虑因素。换句话说，任何流应用程序的性能都是以延迟和吞吐量来衡量的。

来自任何流应用程序的期望是尽可能快地产生结果，并处理高速率的输入流。这两个因素都影响了在流解决方案中使用的技术和硬件容量的选择。在我们理解它们对细节方面的影响之前，让我们先来了解两种术语的含义。

延迟被定义为流应用程序在处理事件或事件组时所花费的时间单位（以毫秒为单位），并在收到事件后产生输出。延迟可以用平均延迟、最佳情况延迟或最坏情况延迟来表示。有时，它也表示为每次时间窗口中接收到的事件总数的百分比。

例如，它可以定义为在过去 24 小时内收到的 85%的消息的延迟为 2 毫秒。

吞吐量被定义为在每个时间单元中流应用程序产生的结果的数量。基本上，吞吐量产生的事件数量可以通过流应用程序在每个时间单位内进行处理。

在流应用程序设计中，你通常会考虑系统能够处理的最大吞吐量，从而在约定的 SLAs 中保持端到端延迟。当系统处于最大吞吐量状态时，所有系统资源都得到充分利用，除此之外，事件将处于等待状态，直到资源被释放。

现在我们已经清楚地了解了延迟和吞吐量的定义，因此可以很容易地理解两者都不是相互独立的。

高延迟意味着有更多的时间处理事件并产生输出。这也意味着，对于一个事件，系统资源被占用的时间更长，因此，在一段时间内，可以处理较少数量的并行事件。因此，如果系统容量有限，高延迟将导致吞吐量降低。

当你在流应用程序的吞吐量和延迟之间取得平衡时，需要考虑多个因素。其中一个因素是跨多个节点的负载分配。负载分配有助于最优地利用每个系统资源，并确保每个节点的端到端低延迟。

大多数流处理引擎在默认情况下都有这样的机制。但是，有时必须确保在运行时避免过多的数据转移，并适当地定义数据分区。为了达到预期的吞吐量和频率，你必须相应地执行集群的容量规划。

CPUs、RAM、页面缓存等的数量是影响流应用程序性能的一些重要因素。为了使流应用程序的性能达到预期的水平，必须适当地对流应用程序进行编程。程序构造和算法的选择影响垃圾回收、数据转移等。最后，网络带宽等因素也会影响延迟和吞吐量。

数据和状态的持久性

数据完整性、安全性和可用性是任何成功的流应用程序解决方案的关键需求。如果考虑了这些因素，你就会明白，为了确保完整性、安全性和可用性，持久性（persistence）扮演着重要的角色。例如，任何流解决方案都必须持久化其状态。我们经常称它为检查点（checkpointing）。检查点允许流应用程序在一段时间内持久化它们的状态，并确保在出现故障时恢复。状态持久性还确保了强一致性，这对于数据正确性和正好一次（exactly-once）消息传递语义是非常重要的。

现在你必须明白为什么持久化状态很重要。持久性的另一个方面是数据处理的结果或原始未处理的事件。这有双重目的，它使我们有机会重播消息，并将当前数据与历史数据进行比较。它还使我们能够在失败时重试消息。它还可以在吞吐量达到峰值的情况下，帮助我们处理来自源系统的背压（back-pressure）。

必须仔细考虑用于保存数据的存储介质。真正驱动流应用程序存储介质的一些因素是低延迟读/写、硬件容错、水平可伸缩性以及支持同步和异步操作的最佳数据传输协议。

数据源

任何流应用程序的基本要求之一是，数据的来源应该有能力以流的方式生成无界的数据。流系统是为无界的数据流构建的。如果源系统支持这种类型的数据流，那么流解决方案就是可行的。但是，如果它们不支持数据流，那么你必须构建或使用预先构建的自定义组件来构建那些数据源的数据流或支持面向批处理的非基于流的解决方案。

不管怎样，关键是流解决方案应该有数据流产生数据源。这是任何流应用程序的关键设计决策之一。任何流解决方案或设计都应该确保连续的无界数据流输入到你的流处理引擎。

外部数据查询

首先要考虑的问题是，为什么我们需要在流处理管道中进行外部数据查询。答案是，有时你需要基于一些频繁更改的外部系统数据的输入事件执行操作，例如丰富、数据验证或数据过滤。然而，在流设计环境中，这些数据查询会带来了一定的挑战。这些数据查询可能会导致端到端延迟的增加，因为会频繁地调用外部系统。由于这些外部数据集太大，无法装入内存，所以不能将所有外部引用数据保存在内存中。它们也经常变化，这使得刷新内存变得困难。如果这些外部系统宕机，那么它们将成为流解决方案的瓶颈。

考虑到这些挑战，在设计涉及外部数据查询的解决方案时，要考虑三个重要的因素，它们是性能、可伸缩性和容错性。当然，你可以实现所有这些因素，并且总是在三者之间进行权衡。

数据查询的一个标准是，它们应该尽量减少对事件处理时间的影响。即使是以秒为单位的响应时间也是不可接受的，同时要记住流处理解决方案需要毫秒级的响应时间。为了满足这些需求，一些解决方案使用诸如 Redis 之类的缓存系统来缓存所有外部数据。流系统使用 Redis 进行数据查询。你还需要记住网络延迟。因此，Redis 集群通常与流解决方案共同部署。

数据格式

任何流解决方案的一个重要特征是，它也是一个集成平台。它收集来自不同来源的事件，并对这些不同的事件进行处理以产生预期的结果。这种集成平台的一个相关问题是不同的数据格式。每种类型的源都有自己的格式，一些支持 XML 格式，另一些支持 JSON 或 Avro 格式。你很难设计出满足所有格式的解决方案。此外，随着越来越多的数据源被添加，你需要添加对新加入的源支持的数据格式的支持，这显然给刘解决方案的维护带来极大的挑战。

理想情况下，流解决方案应该支持一种数据格式。事件应该在键/值模型中，这些键/值事件的数据格式应该是一致的格式。你应该为应用程序选择一个数据格式。在设计和实现流解决方案时，选择单一的数据格式，并确保所有数据源和集成点都符合此要求是很重要的。

用于常见数据格式的常见解决方案之一是，在数据被用于流处理之前构建消息格式转换层。这个消息转换层将 REST API 暴露给不同的数据源。这些数据源使用 REST API 将事件以各自的格式推送到这个转换层，然后将其转换为单一的常见数据格式。转换后的事件将被推送到流处理。有时，该层还用来对输入的事件执行一些基本的数据验证。简单地说，你应该将数据格式转换与流处理逻辑分开。

数据序列化

几乎所有你选择的流技术都支持序列化。但是，任何流应用程序性能的关键是使用序列化技术。如果序列化速度很慢，那么它将影响流应用程序的延迟。此外，如果你正在集成一个旧的遗留系统，那么可能不支持你选择的序列化。为你的流应用程序选择任何序列化技术的关键因素应该是：所需的 CPU 周期数量、序列化/反序列化时间以及所有集成系统的支持。

并行度

你选择的任何流处理引擎都有方法来优化流处理并行性。你应该始终考虑应用程序所需的并行级别。这里的一个关键点是，你应该利用现有集群的最大潜力来实现低延迟和高吞吐量。默认参数可能不适合你当前的集群容量。因此，在设计集群时，应该始终考虑到所需的并行性级别，以实现延迟和吞吐量 SLAs。而且，大多数的引擎都是受限于自动确定最佳并行度的能力。

让我们以 Spark 的处理引擎为例，看看如何对其进行并行度调优。简而言之，为了增加并行度，你必须增加并行执行任务的数量。在 Spark 中，每个任务都在一个数据分区上运行。

因此，如果你想增加并行任务的数量，就应该增加数据分区的数量。为了实现这一点，你可以使用所需的分区数量重新划分数据，或者可以增加源数据拆分的数量。并行度级别还取决于集群中可用内核的数量。理想情况下，你应该按照每个 CPU 核分配 2～3 个任务来规划你的并行度级别。

无序的事件

这是任何无界数据流的关键问题之一。来自不同远程离散源的事件可能同时生产，由于网络延迟或其他问题，其中一些事件被延迟。对于无序事件的挑战是，当它们很晚出现时，处理它们会涉及到有关数据集的数据查询。

此外，很难确定哪些条件可以帮助你确定事件是否为无序事件。换句话说，很难确定每个窗口中的所有事件是否已经收到。此外，处理这些无序的事件会带来资源争用的风险。其他影响可能会是增加延迟和整体系统性能下降。

考虑到这些挑战，诸如延迟、易维护和准确结果等因素在处理无序事件中扮演着重要的角色。根据企业需求，你可以删除这些事件。如果发生事件丢失，你的延迟不会受到影响，而且你不必管理额外的处理组件。然而，它确实会影响了处理结果的准确性。

另一种选择是在接收到每个窗口中的所有事件时等待并处理它。在这种情况下，你的延迟将受到影响，你必须维护额外的软件组件。另一个常用的技术是在一天结束时，使用批处理对这些数据事件进行处理，这样，延迟等因素就没有实际意义了。然而，要得到准确的结果将会有延迟。

消息处理语义

正好一次消息传递是流分析的圣杯。根据应用程序的性质，在流作业中重复处理事件是不方便的，而且通常是不可取的。例如，如果账单应用程序错过了一个事件或两次处理了一个事件，它们可能会损失收入或对客户收取过高的费用。保证这种情况不会发生是困难的，任何寻求此类属性的项目都需要在可用性和一致性方面做出一些选择。一个主要的困难是，一个流管道可能有多个阶段，并且在每个阶段都需要进行正好一次消息传递。另一个困难是中间计算可能会影响最终的计算。一旦结果暴露出来，收回就会引起问题。

提供正好（exactly-once）一次消息处理语义的保证是有用的，因为许多情况都需要它们。例如，在诸如信用卡交易这样的金融例子中，无意中处理两次事件是非常严重的。Spark Streaming、Flink 和 Apex 都保证正好一次语义的处理。Storm 使用至少一次消息传递语义。通过使用名为 Trident 的扩展，可以使用 Storm 实现正好一次行为，但这可能会导致性能下降。

去重复是防止多次执行一个操作并实现正好一次处理语义的一种方式。如果应用程序操作是数据库更新，那么去重复是可以实现的。我们可以考虑一些其他操作，例如 Web 服务调用。

总　结

在本章的最后，你应该清楚地了解流应用程序的各种设计考虑因素。本章的目的是确保你了解流应用程序设计的各种复杂方面。

尽管每个项目的各个方面可能会有所不同，但是基于我们的行业经验，我们认为这些是你在任何流应用程序设计中都会考虑到的一些常见方面。例如，如果没有在延迟和吞吐量上定义 SLAs，你是不可能设计任何流应用程序的。

你可以使用这些原则，而不考虑所选择的流处理技术——它可以是微批处理（Spark 流应用程序）或实时处理（Storm/Heron 流处理应用程序）。它们是技术无关的。然而，它们的实现方式因技术而异。这里，我们总结了这一章的内容，并希望你能够将这些原则应用到你的企业应用程序中。

无论你选择何种技术进行流处理，你都可以使用这些主体——无论是微量批量 Spark 流应用程序还是实时 Storm/Heron 流处理应用程序。他们是技术不可知的（technology agnostic）。但是，它们的实现方式因技术而异。有了这些，我们总结了本章，希望你能够将这些原则应用于你的企业应用程序。